装配式建筑"十四五"系列教材

装配式
混凝土建筑概论

主编 ◎ 田春鹏

U0279058

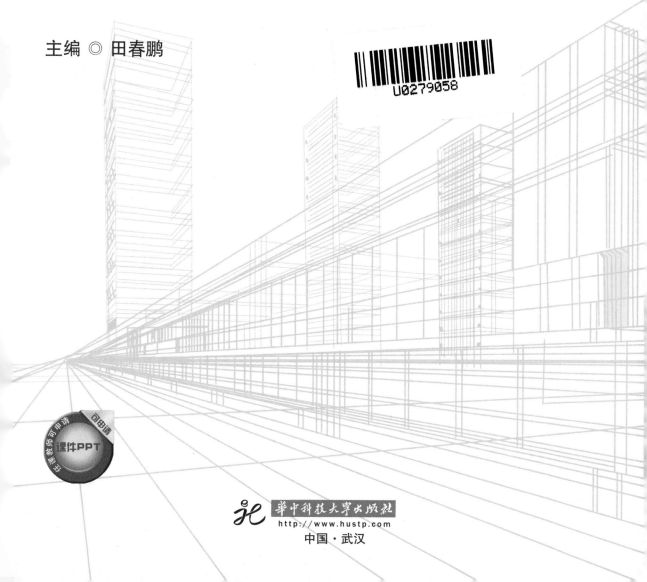

华中科技大学出版社
http://www.hustp.com
中国·武汉

图书在版编目(CIP)数据

装配式混凝土建筑概论/田春鹏主编.—武汉:华中科技大学出版社,(2022.12重印)
ISBN 978-7-5680-7735-4

Ⅰ.①装… Ⅱ.①田… Ⅲ.①装配式混凝土结构-概论 Ⅳ.①TU37

中国版本图书馆 CIP 数据核字(2021)第 237366 号

装配式混凝土建筑概论

Zhuangpeishi Hunningtu Jianzhu Gailun

田春鹏　主编

策划编辑：康　序

责任编辑：刘姝甜

责任监印：朱　玢

出版发行：华中科技大学出版社(中国·武汉)　　电话：(027)81321913
　　　　　武汉市东湖新技术开发区华工科技园　　邮编：430223

录　　排：武汉创易图文工作室

印　　刷：武汉市籍缘印刷厂

开　　本：787mm×1092mm　1/16

印　　张：13

字　　数：346 千字

版　　次：2022 年 12 月第 1 版第 2 次印刷

定　　价：48.00 元

前言 PREFACE

随着国家产业结构调整和建筑行业对绿色节能建筑理念的倡导,装配式建筑受到越来越多的关注。作为建筑业转型升级的有效途径,采用装配式建筑既符合可持续发展理念,也是当前我国社会经济发展的客观要求,发展装配式建筑已成为今后建筑行业的重点方向。随着装配式建筑工程规模的逐渐扩大,从事装配式建筑研发、设计、生产、施工和管理等工作的人员的现有技能已经无法满足装配式建筑市场的需求而亟待提升。

为应对建筑业经济结构的转型升级、供给侧改革及行业发展趋势,针对装配式建筑领域应用技术技能型人才培养的需求,本书较为系统地介绍了装配式混凝土建筑的相关理论。全书共分为 8 个项目:项目 1"装配式混凝土建筑简述",主要介绍了装配式混凝土建筑的概念、发展现状和趋势、预制率和装配率以及建筑工业化等基本知识;项目 2"装配式混凝土建筑预制构件及其常用配件",主要介绍了常规预制混凝土构件及其配件的应用;项目 3"装配式混凝土建筑预制构件制作",介绍了典型预制构件的生产过程,包含生产设备调试、模具准备、预制构件制作、预制构件运输、预制构件堆放等环节;项目 4"装配式混凝土建筑连接技术",主要介绍了比较成熟的预制构件连接技术;项目 5"装配式混凝土建筑设计技术",主要介绍了建筑设计、结构设计、设备与管线设计、内装系统设计和深化设计中的设计规则和设计要点;项目 6"装配式混凝土建筑施工技术",主要介绍了典型预制构件现场吊装准备、施工流程及施工注意要点;项目 7"装配式混凝土建筑质量控制与验收",介绍了装配式混凝土建筑在生产、结构施工等环节的质量验收要求;项目 8"装配式混凝土建筑安全与文明施工",主要介绍了高处作业防护、临时用电安全、起重吊装安全、现场防火和文明施工等相关内容。

本书由辽宁建筑职业学院田春鹏主编并统稿,由辽宁建筑职业学院刘萍教授担任评审。

本书内容通俗易懂,文字规范简练,全书图文并茂,突出了实践性,同时书中嵌入二维码,读者通过扫描二维码,可以查看更多的工程施工图片和视频,加深对课程内容的理解。本书强调高职高专应用技能型教育,注重培养应用型人才,具有较强的针对性、实用性和通用性,可作为高等职业教育土建类专业的教学用书,也可作为建筑施工技术人员的学习参考书。

　　本书在编写过程中参考了大量的文献资料,在此一并向原作者表示感谢。由于编者的水平有限,书中难免有疏漏、不足之处,恳请读者批评指正。

编　者

2021 年 9 月

目录 CONTENTS

1

2

Chapter 1

项目1　装配式混凝土建筑简述

随着我国经济社会发展的转型升级,特别是城镇化战略的加速推进,建筑业在改善居住环境、提升生活质量中的地位凸显,但遗憾的是,目前我国传统"粗放"的建造模式仍较普遍。一方面,生态环境被严重破坏,资源被低效利用;另一方面,建筑安全事故高发,建筑质量亦难以保障。因此,传统的工程建设模式亟待转型。

近年来,装配式建筑在国家和地方政策的持续推动下得到快速的发展。如何理解装配式建筑?我们从狭义和广义两个不同角度来理解:从狭义上理解,装配式建筑是指用预制部品部件在工地装配而成的建筑,这是在通常情况下,从建筑技术角度来理解的;从广义上理解,装配式建筑是指用工业化建造方式建造的建筑。工业化建造方式主要是指在房屋建造全过程中以标准化设计、工业化生产、装配化施工、一体化装修和信息化管理为主要特征的建造方式。工业化建造方式具有鲜明的工业化特征,各生产要素(包括生产资料、劳动力、生产技术、组织管理、信息资源等)在生产方式上都能充分体现专业化、集约化和社会化。从装配式建筑发展的目的(建造方式的重大变革)的宏观角度来理解装配式建筑,应该从广义上理解或定义。这样的理解和定义内涵会更加丰富,避免陷入"唯装配"的误区。

装配式混凝土建筑是以工厂化生产的混凝土预制构件为主,通过现场装配的方式设计建造的房屋建筑,具有提高质量、缩短工期、节约能源、减少消耗、清洁生产等许多优点,与传统现浇混凝土建筑相比从设计到施工差异较大。现浇混凝土建筑施工,从项目立项到竣工验收使用,整体流程基本为单线,且经过各建设单位多年实践,项目组织管理已较为清晰。与现浇混凝土建筑相比,装配式混凝土建筑的建设流程更全面、更精细、更综合,增加了技术策划、工厂生产、一体化装修等过程,因在方案设计阶段之前增加了技术策划环节,以配合预制构件的生产加工需求来对预制构件加工图进行设计,对各参与单位的技术水平、生产工艺、生产能力、运输条件、管理水平等提出了更高的要求,需建设、设计、生产、施工和管理等单位精心配合、协同工作。

1.1　装配式混凝土建筑简介

1.1.1　装配式混凝土建筑发展背景

1.建筑行业背景

自19世纪工业革命以来,人类社会呈现出飞速发展、性质趋同的现象。建筑业中出现的钢

铁、水泥和混凝土等新型建筑材料,从发达国家开始,逐步推广到其他国家,同时在各个国家也以大城市为中心不断向城镇乡村辐射渗透,加上交通速度的不断提升和各国贸易的频繁往来,越来越多的城市呈现出趋同的面貌。同时,各个国家和城市又受当地的历史背景等影响,保留着各自的建筑风格和地方特色。

自中华人民共和国成立,我国建筑从采用传统的砖、木等主体材料,逐步转向采用钢筋和混凝土等作为主体结构材料,并在高度和跨度上进行探索。20世纪50年代我国借鉴苏联的装配式技术,开始尝试新型的装配式混凝土建筑,于1960—1980年建造了许多装配式混凝土建筑。但是后期由于整体性不足、接缝渗漏等问题日益突显,且无法在短期内得以解决,在20世纪80年代末装配式混凝土建筑的发展几近停滞。此后,整个建筑业基本上都采用了现浇技术体系,至今现浇仍是我国建筑业最基本、最主要的建造方式。

步入20世纪后,经过40多年的改革开放历程,我国整个社会呈现出完全不同于以往的面貌。目前我国建筑业绝大多数是以钢筋混凝土、钢材等作为主体结构材料,并且采用更多的机械化作业来代替手工作业,建筑新工艺和新技术也不断涌现并用于建造过程中。与此同时,装配式建造技术又重新被"提上日程",在保障性住宅等建筑中多次尝试,并不断加大推广力度,国家和地方政府也出台多项政策予以扶持。在许多建筑企业还在权衡装配式建筑的利弊时,装配式建筑已经以一种势不可挡的姿态呈现在众人眼前,从装配式混凝土建筑,再到装配式钢结构建筑,这些进展都表明了国家对装配式建造技术的推广决心。

2. 劳动力情况

纵观建筑行业,大多数的建筑工人都是农民工。以现浇建造方式为主的建筑业为这些农民工提供了许多就业机会,因为现浇式的建筑施工作业需要大量的建筑工人来完成支撑搭设、模板支搭、钢筋绑扎、混凝土浇筑、水电安装等各项工作内容,这些工作大多数是由手工作业完成的,尤其是模板和支撑搭设及钢筋绑扎,其作业量很大。同期劳动力价格相对便宜,与现浇建造方式相互配合,提供了非常大的就业空间。

但是,随着时代的发展,自2012年开始我国劳动力总量出现下降的趋势,于是劳动力成本开始升高,加上与许多其他工作环境相比,建筑工地的工作环境较为艰苦,这进一步抬高了雇佣建筑工人的成本。建筑类企业也开始考虑如何解决这一问题:建筑工人越来越少,建筑劳动力成本日益增加,建筑业该如何继续?

基于对问题的思考,建筑业有所改变。如土方开挖工程,以往主要依靠"人多力量大"的方式来挖掘搬运,后来则采用机械开挖的方式进行挖土清运,不仅减少了大量劳动力,而且还提升了土方开挖和渣土清运的速度。建筑业也需要诉诸科技,采用新技术和新工艺,来解决建筑工人越来越少、人力成本越来越高的问题;同时,还要考虑如何留住现有建筑工人并吸引年轻人进入建筑行业,这方面则需要建筑类企业进一步改善工作环境和工作条件,营造更加人性化的工作场所。

在这一背景下,人们发现,装配式建筑的预制构件在工厂生产,如果可以实现全自动生产,则既可以节约较多的劳动力,同时又可以改善工人的工作环境。工人可以在工厂进行构件生产作业,建筑工地上只需安排比现浇建造方式少得多的人从事现场装配施工作业即可。

3. 科技发展背景

科技水平如今正以指数级的增长趋势在飞速发展。21世纪以前,科技的发展速度还不是非常明显,但是进入21世纪后,这种速度足以令人惊讶,尤其是在我国,经过改革开放的积累,许多领域都做出了令人瞩目的成绩。如今,科技的力量已经渗透到各行各业中,包括衣食住行的方方面面。

在建筑行业,许多工作方式都已经实现了机械化,如土方开挖和清运、物料升降、塔吊吊装、混凝土浇捣、钢筋加工;新技术和新材料也层出不穷,如爬模、铝模、承插式脚手架等。尤其是近几年国家大力支持的 BIM 技术,更是将建筑数据和资料整合于建筑模型中,并运用于设计、建造施工和运维管理等全过程。

虽然建筑业在科技方面也在不断更新和应用,但是,自 20 世纪 90 年代以来一直以现浇技术体系为主的建造方式,在诸多工作内容中还是以手工作业为主,如支撑搭设、模板支搭、钢筋绑扎、混凝土浇筑、水电安装等。虽然有新的支撑工艺和模板,但是这些新的支撑工艺和模板仍需要较多人力在施工现场支设;虽然钢筋加工可以采用全自动机械化的方式,但是施工现场还是需要较多的钢筋工人完成钢筋绑扎;虽然可由地泵和汽车泵等完成混凝土的泵送,但是现场还是需要不少工人进行浇筑和振捣作业。

因此,建筑业仍然需要在科技方面有更多和更大的突破和应用。采用装配式建筑是建筑业实现科技力量创新和应用的渠道之一,如在构件的设计和生产、构件的连接和装配、装配式建筑的整体性能等方面,都可以考虑进行更多的科技创新。

4. 环保和节能要求

我国能源消耗的三大方面是建筑业、工业和交通业,其中建筑业能耗占了全社会总能耗的 1/3 以上,并且由于建筑总量的不断攀升,建筑能耗呈现不断上升的趋势。建筑节能则主要侧重于建筑材料及产品的生产、建筑工程施工和建筑材料的使用过程三个方面。建筑业在环保、节能方面还有待做出更多的贡献——不断降低能耗占比,提高节能性能。

采用装配式建筑可以在预制构件的材料选用、构件生产过程和装配施工过程中发挥优势。如在构件生产阶段,在满足使用条件的前提下,优先采用节能环保型材料,生产合适的节能型预制构件和建筑部品;在装配施工阶段,减少现场施工作业量,降低粉尘、噪声和垃圾等污染;在建筑运营维护阶段,结合 BIM 技术,为后期的物业管理提供可靠数据,方便维修和管理。

1.1.2　装配式混凝土建筑的概念

装配式混凝土建筑具有提高质量、缩短工期、节约能源、减少消耗、清洁生产等许多优点,是日本等发达国家建筑工业化最重要的方式。目前,随着我国经济快速发展,我国建筑业和其他行业一样都在进行工业化技术改造,预制装配式混凝土建筑焕发新的生机。

装配式混凝土建筑是指建筑的结构系统由混凝土部件(预制件)构成的装配式建筑,从结构形式上来划分,包括装配整体式混凝土结构、全装配混凝土结构等。

装配整体式混凝土结构由预制混凝土构件通过可靠的连接方式进行连接并与现场后浇混凝土、水泥基灌浆料形成整体的装配式混凝土结构。根据我国目前的研究工作水平和工程实践经验,对于高层混凝土建筑目前主要采用的是装配整体式混凝土结构,其他建筑也是以装配整体式混凝土结构为主。

《装配式混凝土
建筑技术标准》

3

全装配混凝土结构是由预制混凝土构件通过干法连接(如螺栓连接、焊接)形成整体的装配式混凝土结构。此结构的总体刚度与现浇混凝土结构相比会有所降低。

1.1.3 装配式混凝土建筑的结构体系

1. 装配整体式混凝土框架结构

装配整体式混凝土框架结构,是指全部或部分框架梁、柱采用预制构件建成的装配整体式混凝土结构,简称装配整体式框架结构,如图 1-1 所示。

装配整体式混凝土框架结构

图 1-1　装配整体式混凝土框架结构

装配整体式框架结构是常见的结构体系,主要应用于空间要求较大的建筑,如商店、学校、医院等。其传力途径为:楼板→次梁→主梁→柱→基础→地基。该结构传力合理,抗震性能好。框架结构的主要受力构件(梁、柱、楼板)及非受力构件(墙体、外装饰等)均可预制。预制构件种类一般有全预制柱、全预制梁、叠合梁、预制板、叠合板、预制外挂墙板、全预制女儿墙等。全预制柱的竖向连接一般采用灌浆套筒逐根连接。

装配整体式框架结构技术特点是:预制构件标准化程度高,构件种类较少,各类构件重量差异较小,起重机械性能利用充分,技术经济合理性较高;建筑物拼装节点标准化程度高,有利于提高工效;钢筋连接及锚固可全部采用统一形式,机械化施工程度高,质量可靠,结构安全,现场环保等。难点是节点钢筋密度大,要求加工精度高,操作难度较大。

框架结构建筑平面布置灵活,造价低,使用范围广,在低层、多层住宅和公共建筑中得到了广泛的应用。装配整体式混凝土框架结构继承了传统框架结构的以上优点。根据国内外多年的研究成果,装配整体式框架结构在采用了可靠的节点连接方式和合理的构造措施后,性能可等同于现浇混凝土框架结构。因此,对装配整体式框架结构的节点及接缝采用适当的构造并满足相关要求后,可认为其性能与现浇结构基本一致。

2. 装配整体式混凝土剪力墙结构

装配整体式混凝土剪力墙结构,是指全部或部分剪力墙采用预制墙板构建成的装配整体式混凝土结构,简称装配整体式剪力墙结构,如图 1-2 所示。

装配整体式混凝土剪力墙结构

图 1-2　装配整体式混凝土剪力墙结构

　　装配整体式剪力墙结构是住宅建筑中常见的结构体系,其传力途径为:楼板→剪力墙→基础→地基。采用剪力墙结构的建筑物室内无突出墙面的梁、柱等结构构件,室内空间规整。剪力墙结构的主要受力构件(剪力墙、楼板)及非受力构件(墙体、外装饰等)均可预制。预制构件种类一般有预制围护构件(包含全预制剪力墙、单层叠合剪力墙、双层叠合剪力墙、预制混凝土夹芯保温外墙板、预制叠合保温外墙板、预制围护墙板)、预制剪力墙内墙、全预制梁、叠合梁、全预制板、叠合板、全预制阳台板、叠合阳台板、预制飘窗、全预制空调板、全预制楼梯、全预制女儿墙等。其中,预制剪力墙的竖向连接可采用螺栓连接、钢筋套筒灌浆连接、钢筋浆锚搭接;预制围护墙板的竖向连接一般采用螺纹盲孔灌浆连接。

　　装配整体式剪力墙结构技术特点是:预制构件标准化程度较高,预制墙体构件、楼板构件均为平面构件,生产、运输效率较高;竖向连接方式采用螺栓连接、灌浆套筒连接、浆锚搭接等连接技术;水平连接节点部位后浇混凝土;预制剪力墙 T 形、十字形连接节点钢筋密度大,操作难度较高。

　　我国新型的装配式混凝土建筑是从住宅建筑发展起来的,而高层住宅建筑绝大多数采用剪力墙结构。因此,装配整体式混凝土剪力墙结构在国内发展迅速,得到大量的应用。

　　装配整体式混凝土剪力墙结构中,墙体之间的接缝数量多且构造复杂,接缝的构造措施及施工质量对结构整体的抗震性能影响较大,这使装配整体式剪力墙结构抗震性能很难完全等同于现浇结构。世界各地对装配式剪力墙结构的研究少于对装配式框架结构的研究,因此我国目前对装配整体式混凝土剪力墙结构是从严要求的态度。

3. 其他结构体系

　　装配整体式混凝土框架结构和装配整体式混凝土剪力墙结构目前在我国国内发展迅速,得到了广泛的应用。此外,我国目前推广的装配式混凝土结构体系中,还包括装配整体式混凝土框架-现浇剪力墙结构、装配整体式框架-现浇核心筒结构、装配整体式部分框支剪力墙结构等。

　　装配整体式框架-剪力墙结构是办公楼、酒店类建筑中常见的结构体系,剪力墙为第一道抗震防线,预制框架为第二道抗震防线。预制构件种类一般有预制外挂墙板、全预制柱、叠合梁、全预制板、叠合板、全预制女儿墙等。其中,预制柱的竖向连接采用钢筋套筒灌浆连接。技术特点是,结构的主要抗侧力构件——剪力墙一般为现浇,第二道抗震防线——框架为预制,且预制构件标准化程度较高,预制柱、梁构件、楼板构件均为平面构件,生产、运输效率较高。

装配整体式混凝土框架-现浇剪力墙结构是以预制装配式框架柱为主,并布置一定数量的现浇剪力墙,通过水平刚度很大的楼盖将二者联系在一起共同抵抗水平荷载。考虑到目前的研究基础,目前我国建议剪力墙构件采用现浇结构,以保证结构整体的抗震性能。装配整体式混凝土框架-现浇剪力墙结构中,预制框架的性能与现浇框架等同,因此整体结构性能与现浇框架-剪力墙结构基本相同。

装配整体式框架-现浇核心筒结构、装配整体式部分框支剪力墙结构目前国内外研究均较少,在我国国内的应用也很少。

1.1.4 我国装配式建筑发展现状及趋势

目前,建筑业已成为国民经济的支柱产业之一,但我们也应该清醒地看到,我国建筑业当前仍是一个劳动密集型、以现浇建造方式为主的传统产业,传统建造方式提供的建筑产品已不能满足人们对高品质建筑产品的美好需求,传统粗放式的发展模式已不适应我国已进入高质量发展阶段的时代要求。为此,我国需要大力发展装配式建筑。

装配式建筑是结构系统、外围护系统、设备与管线系统、内装系统的主要部分采用预制部品部件集成的建筑。装配式建筑从建筑材料的角度主要分为三种结构形式,即装配式混凝土结构、装配式钢结构和装配式木结构。装配式建筑以"六化一体"的建造方式为典型特征,即设计标准化、生产工厂化、施工装配化、装修一体化、管理信息化和应用智能化。与传统建造方式相比,装配式建筑的建造主要有生产效率高、建筑质量高、节约资源、减少能耗、清洁生产、噪声污染小等优点。

为支持装配式建筑发展,自 2016 年以来,我国从国家层面陆续出台多项文件,如表 1-1 所示。

表 1-1　装配式建筑相关政策文件汇总(部分)

日　期	发布单位	文件名称	文件主要内容
2016 年 2 月	中共中央、国务院	关于进一步加强城市规划建设管理工作的若干意见	力争用 10 年左右时间,使装配式建筑占新建建筑的比例达到 30%。积极稳妥推广钢结构建筑。在具备条件的地方,倡导发展现代木结构建筑
2016 年 9 月	国务院办公厅	关于大力发展装配式建筑的指导意见	要以京津冀、长三角、珠三角三大城市群为重点推进地区,常住人口超过 300 万的其他城市为积极推进地区,其余城市为鼓励推进地区,因地制宜发展装配式混凝土结构、钢结构和现代木结构等装配式建筑
2016 年 12 月	中华人民共和国住房和城乡建设部	住房城乡建设部关于印发装配式混凝土结构建筑工程施工图设计文件技术审查要点的通知	编制了《装配式混凝土结构建筑工程施工图设计文件技术审查要点》

日　　期	发布单位	文件名称	文件主要内容
2017 年 2 月	国务院办公厅	国务院办公厅关于促进建筑业持续健康发展的意见	缩小中国标准与国外先进标准的技术差距；推动建造方式创新，大力发展装配式混凝土和钢结构建筑，在具备条件的地方倡导发展现代木结构建筑，不断提高装配式建筑在新建建筑中的比例。力争用 10 年左右的时间，使装配式建筑占新建建筑面积的比例达到 30%。在新建建筑和既有建筑改造中推广普及智能化应用，完善智能化系统运行维护机制，实现建筑舒适安全、节能高效
2017 年 3 月	中华人民共和国住房和城乡建设部	住房城乡建设部关于印发《"十三五"装配式建筑行动方案》《装配式建筑示范城市管理办法》《装配式建筑产业基地管理办法》的通知	制定了《"十三五"装配式建筑行动方案》《装配式建筑示范城市管理办法》《装配式建筑产业基地管理办法》
2017 年 4 月	中华人民共和国住房和城乡建设部	住房城乡建设部关于发布行业标准《装配式劲性柱混合梁框架结构技术规程》的公告	批准《装配式劲性柱混合梁框架结构技术规程》为行业标准，编号为 JGJ/T 400—2017，自 2017 年 10 月 1 日起实施
2017 年 7 月	中华人民共和国住房和城乡建设部	对十二届全国人大五次会议第 6697 号建议的答复	组织编制《装配式混凝土结构建筑技术标准》《装配式钢结构建筑技术标准》《装配式木结构建筑技术标准》3 项国家标准，并于 2017 年 6 月正式实施
2017 年 12 月	中华人民共和国住房和城乡建设部	住房城乡建设部关于发布国家标准《装配式建筑评价标准》的公告	批准《装配式建筑评价标准》为国家标准，编号为 GB/T 51129—2017，自 2018 年 2 月 1 日起实施。原国家标准《工业化建筑评价标准》GB/T 51129—2015 同时废止
2018 年 3 月	中华人民共和国住房和城乡建设部建筑节能与科技司	住房城乡建设部建筑节能与科技司关于印发 2018 年工作要点的通知	积极推进建筑信息模型(BIM)技术在装配式建筑中的全过程应用，推进建筑工程管理制度创新，积极探索推动既有建筑装配式装修改造，开展装配式超低能耗高品质绿色建筑示范
2018 年 6 月	国务院	打赢蓝天保卫战三年行动计划	2018 年底前，各地建立施工工地管理清单。因地制宜稳步发展装配式建筑

7

从国务院近年来出台的装配式建筑相关文件来看，国家主要制定了我国装配式建筑的发展规划和发展路径。从目标上看，我国计划到 2025 年，使装配式建筑占新建建筑的比例达到 30%（一些省份，例如江苏、四川，发文提出到 2020 年使建筑装配化率达到 30% 以上）；从地域上看，京津冀、长三角、珠三角城市群和常住人口超过 300 万以上的城市为装配式建筑重点发展地区，

其他地区因地制宜发展装配式建筑;从类型上看,我国将大力发展装配式混凝土结构和钢结构建筑,在具备条件的地方倡导发展现代木结构建筑。

从中华人民共和国住房和城乡建设部出台的文件来看,国家进一步完善了发展装配式建筑的技术标准,在 2018 年 3 月又积极倡导 BIM 技术在装配式建筑上的运用。

虽然目前国家积极推进装配式建筑发展,逐步完善了政策和标准体系上的相关规定,但目前业内装配式建筑的发展并不尽如人意。原因主要有以下几点:

一是建造成本较高。目前,预制构件生产企业处于起步阶段,预制构件产量低,没有形成生产规模,建造装配式混凝土结构与传统现浇混凝土结构相比成本偏高。同时,国家对预制构件生产企业按照工业企业课税,其增值税征收率达到了 17%,生产成本较高,不利于装配式建筑的推广。

二是专业人才缺乏。目前,全国的大专院校基本上没有"预制构件"专业,也没有对技术工人进行培训的渠道,造成相关管理人才和技术人才均极度缺乏。同时,采用装配式建筑,虽然在混凝土现浇、模板支撑和钢筋加工等方面减少了现场用工量,但同时也增加了构件吊装、灌浆和节点连接等方面的人工用量,并且施工难度更大,普通的施工队伍人员素质较低,缺乏相应施工经验,很难满足装配式建筑的施工要求。

三是缺乏技术支持。装配式建筑全生命周期涉及"设计—生产—施工—运维"中的各个阶段,这就要求实施装配式建筑的企业熟悉 EPC 模式,并有一定的 BIM 技术。EPC 总承包管理模式的核心思想符合装配式建筑的发展要求。2016 年 9 月,国务院办公厅印发的《关于大力发展装配式建筑的指导意见》,其中明确提出,装配式建筑项目重点应用 EPC 总承包管理模式,且应积极应用 BIM 技术,提高装配式建筑协同设计效率,降低设计误差,优化预制构件的生产流程,改善预制构件库存管理,模拟优化施工流程,实现装配式建筑运维阶段的质量管理和能耗管理,有效提高装配式建筑设计、生产和维护的效率。例如,在设计阶段,利用 BIM 技术所构建的设计平台,装配式建筑设计中的各专业设计人员能够快速地传递各自专业的设计信息,对设计方案进行"同步"修改;在施工阶段,利用 BIM 技术结合 RFID 技术,通过在预制构件生产的过程中嵌入含有安装部位及用途等构件信息的 RFID 芯片,存储验收人员及物流配送人员可以直接读取预制构件相关信息,实现电子信息的自动对照,减少在传统的人工验收和物流模式下出现的验收数量偏差、构件堆放位置偏差、出库记录不准确等问题,可以明显地节约时间和成本。

尽管现阶段我国装配式建筑发展面临诸多困难和挑战,但是,面对"人口红利"消失、我国逐步进入工业化成熟阶段、环保政策日趋严厉以及西方国家具有先进经验的处境,我国发展装配式建筑势在必行。

1.2 装配式混凝土建筑预制率、装配率及评价标准……

1.2.1 预制率及装配率

1.预制率

1)预制率的概念

预制率是指装配式混凝土建筑室外地坪以上主体结构和围护结构中预制构件部分的材料用

量占对应构件材料总用量的体积比。

2）预制率的计算

预制率按下式计算：

$$预制率 = \frac{V_1}{V_1 + V_2}$$

装配式建筑项目
预制率计算书

式中：V_1——建筑室外地坪以上，结构构件采用预制混凝土构件的混
凝土体积（计入 V_1 的预制混凝土构件类型包括剪力墙、
延性墙板、柱、支撑、梁、桁架、屋架、楼板、楼梯、阳台板、
空调板、女儿墙、雨篷等）；

V_2——建筑室外地坪以上，结构构件采用现浇混凝土构件的混凝土体积。

2. 装配率

1）装配率的概念

装配率是指单体建筑室外地坪以上的主体结构、围护墙和内隔墙、装修和设备管线等采用预制部品部件的综合比例。

2）装配率的计算

装配率应根据表 1-2 中评价项对应分值按下式计算：

$$P = \frac{Q_1 + Q_2 + Q_3}{100 - Q_4} \times 100\%$$

式中：P——装配率；

Q_1——主体结构指标实际得分值；

Q_2——围护墙和内隔墙指标实际得分值；

Q_3——装修和设备管线指标实际得分值；

Q_4——评价项目中缺少的评价项分值总和。

表 1-2　装配式建筑评分表

评　价　项		评价要求	评价分值	最低分值
主体结构 （50分）	柱、支撑、承重墙、延性墙板等竖向构件	35%≤比例≤80%	20～30 *	20
	梁、板、楼梯、阳台、空调板等构件	70%≤比例≤80%	10～20 *	
围护墙和 内隔墙 （20分）	非承重围护墙（非砌筑）	比例≥80%	5	10
	围护墙与保温、隔热、装饰一体化	50%≤比例≤80%	2～5 *	
	内隔墙（非砌筑）	比例≥50%	5	
	内隔墙与管线、装修一体化	50%≤比例≤80%	2～5 *	
装修和 设备管线 （30分）	全装修	—	6	6
	干式工法楼面、地面	比例≥70%	6	—
	集成厨房	70%≤比例≤90%	3～6 *	
	集成卫生间	70%≤比例≤90%	3～6 *	
	管线分离	50%≤比例≤70%	4～6 *	

注：表中带"＊"项的分值采用内插法计算，计算结果取小数点后 1 位。

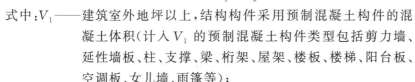

 置于右上角（二维码）

1.2.2 《装配式建筑评价标准》相关介绍

《装配式建筑评价标准》将装配式建筑作为最终产品,根据系统性的指标体系进行综合打分,把装配率作为考量标准,不以单一指标进行衡量。《装配式建筑评价标准》设置了基础性指标,可以较便捷地判断一栋建筑是否是装配式建筑。目前装配式建筑产业在不断发展,装配式建筑评价标准也需要不断发展,这也是《装配式建筑评价标准》(GB/T 51129—2017)编制的意义,该标准于 2018 年 2 月 1 日起正式实施,原国家标准《工业化建筑评价标准》(GB/T 51129—2015)同时废止,从标准名称的改变就可以看出,装配式建筑在接下来将会成为我国最主要的工业化建筑。《装配式建筑评价标准》适用于民用建筑装配化程度评价,工业建筑可参照执行。

《装配式建筑评价标准》的编制遵循立足当前实际、适度面向发展、简化评价操作,充分结合各地装配式建筑实际发展情况,充分体现近年来各地在装配式建筑发展过程中形成的技术成果,充分体现标准的正向引导性的原则。

《装配式建筑评价标准》

《装配式建筑评价标准》主要体现以下几个特点:

(1)以装配率对装配式建筑的装配化程度进行评价,使评价工作更加简洁明确和易于操作。

(2)拓展了装配率计算指标的范围。例如,评价指标既包含承重结构构件和非承重构件,又包含装修与设备管线。再如,衡量竖向或水平构件的预制水平时,将用于连接作用的后浇部分混凝土一并计入预制构件体积范畴。

(3)以控制性指标明确了最低准入门槛,以竖向构件、水平构件、围护墙和分隔墙、全装修等指标,分析建筑单体的装配化程度,发挥正向引导作用。

(4)使项目成为装配式建筑与其具有评价等级之间存在差值,为地方政府制定奖励政策提供弹性范围。

(5)评价植根于构件层面,通过评价构件的总体预制水平,得到分项分值,形成相应的预制率数值,不拘泥于结构形式。

(6)以装配式建筑最终产品为标的,弱化过程中的实施手段,重在最终产品的装配化程度考量。对装配式建筑的评价以参评项目的得分来衡量综合水平高低,得分结果对应不同评价等级。

《装配式建筑评价标准》编制过程中,其编者对装配式混凝土建筑、装配式钢结构建筑和装配式木结构建筑展开了广泛的项目调研与技术交流,总结了近年来的实践经验,参考了国内外相关技术标准,开展了试评价工作并广泛征求了意见,最终形成了该标准。

1.3 建筑工业化 ···

1.3.1 传统建筑现状和存在的问题

改革开放以来,我国建筑业得到了持续快速发展,建筑业和房地产业的发展带来的经济效益有目共睹,且其逐渐成为继工业、农业、商业之后新的国民经济支柱产业,是新的经济增长点。然而,传统建筑业的发展大多是以高投入、高消耗、高排放、低效率、难循环为代价的粗放式发展,规划和设计滞后造成重复建和拆的问题,这也造成了极大的浪费。建筑业在增加 GDP 的同时,被烙上"能源消耗量大""利用率低""污染严重"(见图1-3)等印记。

图 1-3　污染严重——触目惊心的建筑垃圾

目前,我国建筑能源消耗已占到全社会终端能耗的 27.5%。我国现有城乡建筑面积近 500 亿平方米,特别是最近几年,每年的竣工面积基本上都维持在 27 亿平方米左右,且都是高能耗建筑。由于我国大部分建筑的保温隔热性能较差,门窗的空气密闭性较差,而且舒适性较差,我国的单位建筑面积能耗约为同纬度气候相近国家的 2~3 倍。尽管我国已经出台了很多建筑节能标准,但目前新建建筑节能达标率还不到 6%。据测算,采暖期大气中二氧化碳浓度值平均为非采暖期的 6 倍。

我国建筑垃圾已占城市垃圾总量的 1/3 以上,在我国既有的近 500 亿平方米的建筑的建造过程中,至少产生了 30 亿吨建筑废渣,接近全球年建筑垃圾总量的一半。如果不采取有力的节能措施,每年建筑将耗费约 1.2 万亿度电,4.1 亿吨煤、水、油等。

此外,劳动力问题也是传统建筑业中最突出的问题。在我国,传统建筑方式以现场作业为主(见图1-4),劳动强度大,建设周期长,工作条件和环境艰苦。建筑工人大多是经过简单培训的农民工,不具备技术革新和科技创新能力。2012 年,我们国家首次出现了劳动年龄人口数量下降的问题,15~60 岁的人口减少了 345 万,这是我们国家改革开放之后第一次出现这方面的问题。与此同时,老龄人口在不断上升,劳动人口仅有 2.5 亿,这其中有 20%~30% 在建筑业中。美国著名经济学家刘易斯提出了一个理论——"刘易斯拐点",是指在工业化过程中随着农村富余劳动力向非农产业转移,农村富余劳动力逐渐减少,最终枯竭而产生的拐点。这种拐点会带来我国建筑业的生产方式特别是建筑业生产方式中以传统技术和劳动力为主的生产方式的一种必然的转变。

图 1-4　工地掠影(传统建筑方式的现场作业)

进入建筑业的农民工数量呈现下降趋势,且愿意从事建筑业生产的劳动者逐渐减少,建筑人工成本上涨成为必然。我国一些发达地区建筑行业发生了较为严重的"民工荒"现象,建筑业企业只有用高工资来吸引农民工,这大大增加了企业的人力成本。

同时,传统建筑方式已经远远不能满足人们对建筑质量和建筑寿命的要求,因为其无法彻底

解决管道、防水等质量问题。建筑质量在工程施工环节里受到多方面因素的影响,施工过程中的过失可能会危害到建筑结构和功能使用安全。传统建筑方式(见图1-5)在现场进行作业,施工人员大多没有参加专业培训或没有取得专业技能证书就上岗就业,这种情况下的房屋建筑施工质量是难以保证的。一旦作业人员操作时不按规程顺序完成任务,就无法保证施工环节取得良好的质量控制效果。没有受到专业训练的农民工参与建筑施工,也可能会降低施工作业队伍的作业水平。另外,建筑的施工工期也不能严格保证,季节气候、工人等因素都可能成为影响工期进度的重要原因。

图 1-5　传统建筑方式

以我国目前的技术水平,结合生产方式和工程背后所体现出来的效率、质量、资源的浪费及环境的破坏来看,现实是不容乐观的。由于劳动力逐渐短缺和我们对效率、质量的进一步要求,以及对自然资源、环境保护约束的进一步增强,我国建筑业的发展面临转型,顺应向现代工业化发展方式转型的客观规律。

传统生产方式与工业化生产方式的区别如表1-3和表1-4所示。

表 1-3　按生产阶段分析传统生产方式与工业化生产方式的区别

内　容	传统生产方式	工业化生产方式
设计阶段	不注重一体化设计,设计与施工脱节	标准化、一体化设计,信息化技术协同设计,设计与施工紧密结合
施工阶段	工业化、标准化程度低,以现场湿作业、手工操作为主,工人综合素质低、流动性大	设计施工一体化,构件生产工厂化,现场施工装配化,施工队伍专业化
装修阶段	以毛坯房为主,采用二次装修	装修与建筑设计同步,装修与主体结构一体化
验收阶段	竣工分部分项抽检	全过程质量检验、验收
管理阶段	以包代管,专业化协同弱,依赖农民工劳务市场分包,追求设计与施工各自效益	工程总承包管理模式,全过程信息化管理,项目整体效益最大化

表 1-4　按生产要素分析传统生产方式与工业化生产方式的区别

内　容	传统生产方式	工业化生产方式
生产技术	相对独立、单一	标准化、集约化、成套集成技术
生产手段	以低价劳动力、现场手工作业为主	以工厂化、装配化、信息化为主
生产要素	自行投入	统一、协调、有机整体
生产效率	低	高

内　　容	传统生产方式	工业化生产方式
生产目标	追求企业各自效益	追求项目整体效率、效益最大化
社会服务	单独、有限	社会化服务体系
企业管理	产业链分散、各自经营	集约化、一体化经营
管理体制	设计—制作—施工相互脱节	有机、全过程管理

1.3.2 建筑工业化优势及发展现状

1.什么是建筑工业化

建筑工业化,指采用现代化的制造、运输、安装和科学管理的大工业生产方式,来代替传统建筑业中分散的、低水平的、低效率的手工业生产方式。它的主要标志及基本途径是建筑设计标准化、构配件生产工厂化、施工机械化和组织管理科学化,并逐步采用现代科学技术的新成果,以提高劳动生产率,加快建设速度,降低工程成本,提高工程质量。

2.建筑工业化的优势

建筑(包括量大面广的住宅)工业化是利用标准化设计、工业化生产、装配式施工和信息化管理等方法来建造、使用和管理建筑,是建筑工业化发展的必然趋势,更是建筑业的深刻变革。建筑工业化可促进传统建筑产业升级,转变城镇化建设模式,全面提升建筑品质,是建筑业转变发展方式的重要举措。

与传统建筑业相比,现代建筑产业的优越性主要体现在:

(1)节能降耗效果显著。施工现场(见图1-6)不需要切割打磨,水电、木材、钢材等资源或能源的占用和消耗都会大幅度减少,一般可节约材料20%左右,节水80%左右,减少建筑垃圾约80%,综合能耗降低70%以上。建造过程中,噪声、粉尘、垃圾对周边环境、交通等的影响也降至最低。现代建筑产业的"绿色建筑"理念(见图1-7)追求节地、节能、节水、节材和对环境友好。

图 1-6　建筑工业化施工现场节能降耗效果显著

图 1-7　建筑业追求"绿色建筑"

13

（2）产业关联度高。投资、开发、设计、施工、商品生产、管理和服务等环节紧密地联结为一个完整的产业系统，各专业生产部门既有分工，又彼此协调，相互配套，紧密协作，如图1-8所示。

图1-8 建筑工业化的紧密协作

（3）技术更为先进。现代建筑产业发展的基础是科技创新和先进成套技术的集成适用、推广。目前，我国建筑体系、部品体系、技术保障体系和建造技术体系已经比较成熟和完善。

（4）建设质量和品质提升。所有的构件、部品在工厂预制、现场安装，标准一致，尺寸统一，质量可控，主体结构精度偏差以毫米计算，可以消除墙体渗漏、开裂、空鼓等数百种质量通病，使建筑隔音、隔热、保温、抗震、耐火、防水等性能改善，提升安全性、健康性和耐久性。

（5）有利于建筑业由劳动密集型向技术密集型转变，用工减少50％左右，提升产业工人素质，实现减员增效。

（6）劳动生产率大幅度提高。装配式建筑施工以预制构件安装为主，仿佛搭积木，工序相对简单，并主要依靠机械完成作业，如图1-9所示。其施工周期由生产方式决定，建设进度加快，建设周期短，是传统建筑的三分之一，高层建筑含精装修可在一年内完成，一个标准层4～5天即可完成，工人劳动强度降低，生产效率显著提高。

图1-9 万融产业集团在南科大厦项目现场吊装施工

（7）成长潜力巨大。现代建筑产业符合国家产业发展政策，技术已经成熟，市场需求得到培育和发展，有利于建筑业实施"走出去"战略，把部分企业的"单兵作战"变成"组团出击"，为建筑业"走出去"注入强大活力，使现代建筑产业更具成长性。

（8）有利于高质量大规模建设保障性住房。可改善高品质需求与落后生产方式之间的矛盾，提高效率、保证质量、控制成本。

3. 推行建筑工业化的意义

以工业化的方式重新组织建筑业是提高劳动效率、提升建筑质量的重要方式，也是我国未来建筑业的发展方向。建筑工业化的基本内容是：采用先进、适用的技术、工艺和装备科学合理地组织施工，发展施工专业化，提高机械化水平，减少繁重、复杂的手工劳动和湿作业；发展建筑构配件、制品、设备生产并形成适度的规模经营，为建筑市场提供各类建筑使用的系列化通用建筑构配件和制品；制定统一的建筑模数和重要的基础标准（模数协调、公差与配合、合理建筑参数、连接方式等),合理解决标准化和多样化的关系,建立和完善产品标准、工艺标准、企业管理标准、工法等,不断提高建筑标准化水平;采用现代管理方法和手段,优化资源配置,实行科学的组织和管理,培育和发展技术市场和信息管理系统,适应发展社会主义市场经济的需要。(见图1-10)

图 1-10　建筑工业化助推建筑业转型升级(相关举措)

推行建筑工业化意义如下:

一是有利于促进节能减排,实现资源节约、环境友好的发展目标。推行建筑工业化可以使施工能耗大量减少,施工垃圾减少约 80%。

二是提高经济增长的质量,促进行业转型升级。建筑综合工期明显缩短,劳动生产率明显提高,建筑工业化更多地依靠科技进步,实现工业化与信息化的相互融合,同时有利于提高建筑工程质量和性能,使质量控制从厘米级向毫米级转变,减少工程质量事故和安全事故,促进新技术、新工艺、新材料的应用,提高建筑的安全性和耐久性。

三是促进新型城镇化的发展,实现农民工向产业技术工人的转变。农民工向产业技术工人转变可有效应对"人口红利"淡出,施工现场工人用量减少 50%,通过改善结构性就业困难,实现建筑工业化有利于提高建筑行业国际竞争力,提高对外工程承包总体竞争能力,为相关设备和产品出口创造更多机会,通过国际工程承包,带动相关产业同时发展。

建筑工业化是建筑行业的一场革命,是转型升级的方向,是摆脱传统粗放型发展方式,走向集约、高效之路的必然选择,也是新型城镇化战略下建筑业发展的必然趋势。与传统的建筑施工方式相比,建筑工业化不仅有利于节能降耗减排、建设绿色建筑,也有利于减少环境污染、改善农民工就业和工作环境,是助推生态文明建设的战略举措。

4. 目前我国住宅产业化发展现状

北京、深圳、上海、沈阳等城市对产业化的推进,带动了黑龙江、河北、安徽、江苏、浙江、重庆、天津、四川等地的产业化发展,各地纷纷启动产业化试点项目,众多企业跟进,出现了多种新型结构体系和技术路线,形成了"百花齐放、百家争鸣"的良好发展态势。

目前国内众多的装配式结构体系,以装配式混凝土结构(见图1-11)为主,如万科、宇辉、西伟德宝业、中南建设、南京大地、上海建工、上海城建、远大住工等;其次为钢结构住宅,如杭萧钢构、天津二建、北新房屋、远大可建等。其中装配式混凝土结构住宅又以剪力墙结构和框架结构为主。从发展情况来看,装配式剪力墙结构比较符合中国高层住宅的特点,其性价比相对较高;装配式框架结构比较适合公共建筑或商场、酒店、写字楼等,大梁、大柱不符合住宅特点,并存在经济性较差的问题。

图 1-11　装配式混凝土结构

1.3.3　建筑工业化发展趋势

建筑工业化在我国已经有了近半个世纪的发展历程,这无疑为我国建筑工业化的未来发展打下了坚实的基础。从我国建筑工业化现状及存在的一些问题来看,在未来一段时间,发展符合我国国情的具有中国特色的建筑工业化模式是一种必然的趋势,这也与世界其他国家建筑工业化的发展经验相契合。纵观西方一些国家已经形成的较为成熟的建筑工业化发展模式,无不是综合国情实际而具备自身特点,这是我们应借鉴之处。

从我国建筑工业化发展现状出发,全面推进多模式的建筑工业化应是一大趋势,也就是说,发展装配式结构体系、现浇结构体系以及钢结构体系等多种模式的建筑工业化,是我国当前国情的需要。我国当前劳动力成本的上升、环保的压力以及工业技术的不断发展,为装配式结构体系这种建筑工业化形式提供了契机,在国家及地方政府的大力扶持下,装配式结构体系的市场推广及应用在未来一段时间将会出现较大规模的增长;而现浇结构体系,当前在技术层面也取得了长足的进步,其中商品混凝土(预拌混凝土)及混凝土泵送技术已得到多年的推广应用,大大提高了施工效率,其发展所需要解决的是施工现场模板与钢筋的加工问题,目前新型模板(如大模板、爬升模板、铝合金复合模板等)的应用以及钢筋集中加工配送工作,正在不断尝试解决现浇结构体系的工业化发展瓶颈问题,随着应用技术的不断发展,其成果必将推进现浇结构体系的工业化发展进程。虽然钢结构的发展还存在着一些制约因素,在目前我国的建筑工程中所占比例还比较低,但考虑到当前我国钢铁产能过剩,钢结构设计人才建设正取得初步成效,现场焊接作业的自动化程度不断提高,这种形式也必将会成为我国建筑工业化发展的一个重要方向。

课后练习

一、单选题

1.2016 年 2 月 6 日中共中央、国务院提出的《关于进一步加强城市规划建设管理工作的若干意见》中指出:加大政策支持力度,力争用(　　)年左右时间,使装配式建筑占新建建筑的比例达到 30%。

A.5　　　　　　　B.10　　　　　　　C.15　　　　　　　D.20

2.预制率是指装配式混凝土建筑室外地坪以上主体结构和围护结构中预制构件部分的材料用量占对应构件材料总用量的(　　)。

A.面积比　　　　　B.重量比　　　　　C.数量比　　　　　D.体积比

3.发展装配式建筑最主要的原因是(　　)。

A.建筑行业节能减排的需要

B.解决建筑市场劳动力资源短缺及劳动力成本增加的问题

C.改变建筑设计模式和建造方式

D.建筑产业现代化的需求

4.2017年2月,国务院办公厅印发《国务院办公厅关于促进建筑业持续健康发展的意见》,提出力争用(　　)年左右的时间,使装配式建筑占新建建筑面积的比例达到(　　)。

A.5,15% B.5,30% C.10,30% D.15,50%

5.下列说法正确的是(　　)。

A.装配式高层建筑含精装修可在半年内完成

B.装配式建筑不能完全解决传统建筑方式的质量通病

C.装配式建筑的施工现场用人少,时间短,综合成本低

D.装配式建筑的一大变革是将农民工变成操作工人

6.在下列选项中,剪力墙结构体系和技术要点匹配正确的是(　　)。

A.装配整体式剪力墙结构工业化程度很高,一般应用于高层建筑

B.叠合剪力墙结构国外应用较多,施工速度快,国内一般应用于南方地区

C.多层装配式剪力墙结构工业化程度一般,施工速度快,应用于多层建筑

D.将装配整体式剪力墙应用于多层剪力墙结构体系,可真正做到工业化生产、施工

7.下列关于高层建筑装配整体式框架结构说法错误的是(　　)。

A.高层建筑装配整体式框架结构,首层的剪切变形远大于其他各层

B.试验与研究表明,预制柱底的塑性铰与现浇柱底的塑性铰一样

C.当高层建筑装配整体式剪力墙结构和部分框支剪力墙结构的底部加强部位及框架结构首层柱采用混凝土预制件时,应进行专门研究和论证,采取特别的加强措施

D.高层框架结构的首层柱宜采用现浇柱,以保证结构的抗震性能

二、多选题

1.混凝土结构按施工方法可分为(　　)。

A.素混凝土结构 B.钢筋混凝土结构 C.现浇混凝土结构

D.预应力混凝土结构 E.装配式混凝土结构

2.关于高层装配整体式混凝土结构,下列说法合理的有(　　)。

A.宜设置地下室

B.地下室应采用现浇混凝土建造

C.剪力墙结构底部加强部位的剪力墙宜采用现浇混凝土

D.框架结构首层柱宜采用现浇混凝土

E.顶层宜采用现浇楼盖结构

3.《装配式混凝土结构技术规程》(JGJ 1—2014)适用的民用建筑结构体系主要包括(　　)。

A. 装配整体式框架结构   B. 装配整体式剪力墙结构

C. 装配整体式框架-现浇剪力墙结构   D. 装配整体式部分框支剪力墙结构

E. 装配式筒体结构

4. 发展装配式建筑对于建筑工业化和住宅产业化的意义是（　　　）。

A. 改变传统建筑业落后的生产方式

B. 实现建筑流程完全可控

C. 符合可持续发展理念

D. 是传统住宅产业化向现代化转型升级的必经之路

E. 符合国家建筑业相关政策

5. 20 世纪 90 年代，我国装配式混凝土结构的发展处于低潮，我国传统装配式建筑存在的问题是（　　　）。

A. 户型单一，渗漏、不保温、不节能，标准低、质量差

B. 效率和成本与现浇相比没有优势

C. 施工机械不先进，施工技术不完善

D. 结构的抗震性能不能较好保证

E. 以上均不符合题意

6. 以下哪些是装配式混凝土建筑的优点？（　　　）。

A. 施工周期会缩短   B. 工程质量会提升

C. 建筑垃圾和扬尘污染会减少   D. 设计个性化大大增强

7. 下列属于装配式建筑特点与要求的是（　　　）。

A. 柱、支撑、承重墙、延性墙板等竖向承重构件主要采用混凝土材料时，预制部品部件的应用比例不应低于 40%

B. 柱、支撑、承重墙、延性墙板等竖向承重构件主要采用金属材料、木材及非水泥基复合材料时，竖向构件应全部采用预制部品部件

C. 楼（屋）盖构件中预制部品部件的应用比例不应低于 70%

D. 外围护墙采用非砌筑类型时预制墙体的应用比例不应低于 60%

E. 采用全装修

三、判断题

1. 装配式建筑是指建筑的结构系统由混凝土部件（预制构件）构成的建筑。（　　　）

2. 装配式建筑是一个系统工程，由结构系统、外围护系统、设备与管线系统、内装系统四大系统组成。（　　　）

3. 装配式建筑是用预制构件、部品部件在工地装配而成的建筑。（　　　）

4. 我国装配式混凝土结构，是在 20 世纪 50 年代开创，在 60—80 年代发展，但是在 90 年代进入低潮，在 2010 年左右开始恢复和发展并进行创新。（　　　）

5. 建筑工业化包含五大特征，即建筑设计标准化、构配件生产工厂化、施工装配化、装修一体化和管理信息化。（　　　）

6.国家已经发布专门针对装配式建筑的合同范本,传统建筑模式下的合同范本已不适用于装配式建筑。(   )

7.高层建筑装配整体式混凝土结构中,设置地下室时,宜采用现浇混凝土。(   )

8.装配率指的是工业化建筑室外地坪以上主体结构与维护结构中,构件部分的混凝土用量占对应混凝土总量的比例。(   )

9.国务院办公厅印发《关于大力发展装配式建筑的指导意见》,指出各个地区要因地制宜发展装配式混凝土结构、钢结构和现代木结构等装配式建筑。(   )

四、简答题

1.简述装配式混凝土建筑的概念。

2.简述预制率和装配率的概念及计算方法。

3.什么是建筑工业化?建筑工业化的主要特点有哪些?

Chapter 2

项目 2　装配式混凝土建筑预制构件及其常用配件

预制混凝土构件(PC 构件)是在工厂中通过标准化、机械化方式加工生产的混凝土部件,其主要组成材料为混凝土、钢筋、预埋件、保温材料等。由于构件在工厂内机械化加工生产,构件质量及精度可控,且受施工环境制约较小。采用预制构件建造,具备节能减排、减噪降尘、减员增效、缩短工期等诸多优势。

2.1　预制混凝土构件 ....

目前,预制混凝土构件可按结构形式分为竖向构件和水平构件,其中竖向构件包括预制隔墙板、预制混凝土内墙板、预制混凝土外墙板(预制外墙飘窗)、预制混凝土女儿墙、PCF 板、预制混凝土柱等;水平构件包括预制混凝土叠合板、预制混凝土空调板、预制混凝土阳台板、预制混凝土叠合梁等。

2.1.1　主要竖向预制构件

1.预制混凝土框架柱

预制混凝土框架柱是建筑物的主要竖向结构受力构件,一般采用矩形截面,如图 2-1 所示。

预制混凝土框架柱

图 2-1　预制混凝土框架柱

　　矩形预制混凝土框架柱截面边长不宜小于 400 mm,圆形预制混凝土框架柱截面直径不宜小于 450 mm,且不宜小于同方向梁宽的 1.5 倍。

　　预制混凝土框架柱纵向受力钢筋直径不宜小于 20 mm,间距不宜大于 200 mm 且不应大于 400 mm,可集中于四角配置且宜对称布置。柱中可设置纵向辅助钢筋(辅助钢筋直径不宜小于

12 mm且不宜小于箍筋直径）。当纵向辅助钢筋不计入正截面承载力时,纵向辅助钢筋可不伸入框架节点。

预制混凝土框架柱纵向受力钢筋在柱底连接时,柱箍筋加密区长度不应小于纵向受力钢筋连接区域长度与500 mm之和;采用套筒灌浆连接或浆锚连接等方式时,套筒或搭接段上端第一道箍筋距离套筒或搭接段顶部不应大于50 mm,如图2-2所示。

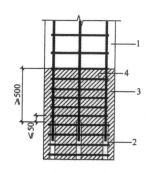

图 2-2　预制混凝土框架柱底部箍筋加密区构造示意(单位:mm)

1—预制混凝土框架柱;2—套筒灌浆连接接头或钢筋连接区域;

3—箍筋加密区(阴影区域);4—加密区箍筋

2. 预制混凝土剪力墙墙板

1）预制混凝土夹芯外墙板

预制混凝土夹芯外墙板又称三明治板,是指在工厂预制的,由内叶板、保温夹层、外叶板通过连接件可靠连接而成的预制混凝土夹芯保温剪力墙墙板,如图2-3所示。内叶板侧面在施工现场通过预留钢筋与现浇剪力墙边缘构件连接,底部通过钢筋灌浆套筒与下层预制剪力墙预留钢筋相连。

三明治夹芯保温外墙

图 2-3　预制混凝土夹芯外墙板

预制混凝土夹芯外墙板在国内外均有广泛的应用,具有结构保温、装饰一体化的特点。预制混凝土夹芯外墙板根据其内、外叶板间的连接构造,可以分为组合墙板和非组合墙板。组合墙板的内、外叶墙板可通过拉结件的连接共同工作;非组合墙板的内、外叶墙板不共同受力,外叶墙板仅作为荷载,通过拉结件作用在内叶墙板上。鉴于我国对于预制混凝土夹芯外墙板的科研成果和工程实践经验都还较少,目前在实际工程中,通常采用非组合墙板,只将外叶板作为中间层保温板的保护层,不考虑其承重作用,但要求其厚度不应小于50 mm。中间夹层的厚度不宜大于120 mm,用来放置保温材料,也可根据建筑物的使用功能和特点聚合诸如防火等其他功能的材料。当预制混凝土夹芯外墙板作为承重墙板时,内叶板按剪力墙构件进行设计,并执行预制混凝土剪力墙内墙板的构造要求。

2)双面叠合剪力墙

双面叠合剪力墙由内、外叶预制板及连接双层预制板的钢筋桁架在工厂制作而成,从厚度方向划分为三层,内外两侧预制,通过桁架钢筋连接,中间是空腔,现场浇筑自密实混凝土,如图 2-4 所示。现场安装后,上下构件的竖向钢筋和左右构件的水平钢筋在空腔内布置、搭接,然后浇筑混凝土形成实心墙体使整体结构共同参与受力。

双面叠合剪力墙不需要套筒或浆锚连接,具有整体性好、板的两面光洁的特点,综合了预制结构施工进度快及现浇结构整体性好的优点,预制部分不仅大范围地取代了现浇部分的模板,而且为剪力墙结构提供了一定的结构强度,还能为结构施工提供操作平台,减轻支撑体系的压力。同时,预制叠合剪力墙与边缘构件通过现浇连接,提高了整体性,共同承受竖向荷载与水平力作用。随着桁架钢筋技术的发展,自 20 世纪 70 年代起,双面叠合剪力墙结构体系在欧洲开始得到广泛的应用。自 2005 年起双面叠合剪力墙体系慢慢引入中国市场,在这 10 多年时间里,结合我国国情,各大高校、科研机构及企业针对双面叠合剪力墙结构体系进行了一系列试验与研究,证实了双面叠合剪力墙具有与现浇剪力墙接近的抗震性能和耗能能力,可参考现浇结构计算方法进行结构计算。

图 2-4　双面叠合剪力墙

双面叠合剪力墙的墙肢厚度不宜小于 200 mm,单叶预制墙板厚度不宜小于 50 mm,空腔净距不宜小于 100 mm。预制墙板内、外叶内表面应设置粗糙面,粗糙面凹凸深度不应小于 4 mm。内、外叶预制墙板应通过钢筋桁架连接成整体。钢筋桁架宜竖向设置,单片预制叠合剪力墙墙肢不应小于 2 榀。钢筋桁架中心间距不宜大于 400 mm,且不宜大于竖向分布筋间距的 2 倍;钢筋桁架距叠合剪力墙预制墙板边的水平距离不宜大于 150 mm。钢筋桁架的上弦钢筋直径不宜小于 10 mm,下弦钢筋及腹杆钢筋直径不宜小于 6 mm。钢筋桁架应与两层分布筋网片可靠连接。

双面叠合剪力墙空腔内宜浇筑自密实混凝土;当采用普通混凝土时,混凝土粗骨料的最大粒径不宜大于 20 mm,并应采取保证后浇混凝土浇筑质量的措施。

3)预制混凝土剪力墙内墙板

预制混凝土剪力墙内墙板是指在工厂预制成的混凝土剪力墙构件,如图 2-5 所示。预制混凝土剪力墙内墙板侧面在施工现场通过预留钢筋与现浇剪力墙边缘构件连接,底部通过钢筋灌浆套筒与下层预制剪力墙预留钢筋相连,如图 2-6 所示。

图2-5 预制混凝土剪力墙内墙板

图2-6 预制混凝土剪力墙内墙板吊装与连接、灌浆

预制混凝土剪力墙宜采用一字形,也可采用 L 形、T 形或 U 形。开洞预制混凝土剪力墙洞口宜居中布置,洞口两侧的墙肢宽度不应小于 200 mm,洞口上方连梁高度不宜小于 250 mm。

预制混凝土剪力墙的连梁不宜开洞。需开洞时,洞口宜预埋套管。洞口上、下截面的有效高度不宜小于梁高的 1/3,且不宜小于 200 mm。被洞口削弱的连梁截面应进行承载力验算,洞口处应配置补强纵向钢筋和箍筋,补强纵向钢筋的直径不应小于 12 mm。

预制混凝土剪力墙开有边长小于 800 mm 的洞且在结构整体计算中不考虑其影响时,应沿洞口周边配置补强钢筋。补强钢筋的直径不应小于 12 mm,截面面积不应小于同方向被洞口截断的钢筋面积。抗震设计时,该钢筋自孔洞边角算起伸入墙内的长度不应小于其抗震锚固长度。

采用套筒灌浆连接时,自套筒底部至套筒顶部并向上延伸 300 mm 范围内,预制剪力墙的水平分布筋应加密。加密区水平分布筋直径不应小于 8 mm。当构件抗震等级为一、二级时,加密区水平分布筋间距不应大于 100 mm;当构件抗震等级为三、四级时,其间距不应大于 150 mm。套筒上端第一道水平分布钢筋距离套筒顶部不应大于 50 mm。

端部无边缘构件的预制混凝土剪力墙,宜在端部配置 2 根直径不小于 12 mm 的竖向构造钢筋。沿该钢筋竖向应配置拉筋,拉筋直径不宜小于 6 mm,间距不宜大于 250 mm。

4)PCF 板

PCF 板是预制混凝土外叶层加保温层的永久模板。其做法是将三明治外墙板的外叶层和中间保温夹层在工厂预制,然后运至施工现场吊装到位,再在内叶层一侧绑扎钢筋、支好模板,浇筑内叶层混凝土从而形成完整的外墙体系,如图 2-7 所示。PCF 板主要用于装配式混凝土剪力墙的阳角现浇部位。PCF 板的应用,有效地替代了剪力墙转角处现浇区外侧模板的支模工作,还可以减少施工现场在高处作业状态下的外墙外饰面施工。

5)外挂墙板

外挂墙板是指安装在主体结构上、起围护和装饰作用的非承重预制混凝土外墙板,如图 2-8 所示。外挂墙板是建筑物的外围护结构,其本身不分担主体结构承受的荷载和地震的影响。作为建筑的外围护结构,绝大多数外挂墙板附着于主体结构之上,必须具备适应主体结构变形的能力。外挂墙板与主体结构的连接采用柔性连接的方式,按连接形式可分为点连接和线连接两种。

外挂墙板的高度不宜大于一个层高,厚度不宜小于 100 mm。外挂墙板宜采用双层、双向配筋,竖向和水平钢筋的配筋率均不应小于 0.15%,且钢筋直径不宜小于 5 mm,间距不宜大于 200 mm。外挂墙板应在门窗洞口周边、角部配置加强钢筋。加强筋不应少于 2 根,直径不应小于 12 mm,且应满足锚固长度的要求。外挂墙板的接缝构造应满足防水、防火、隔声等建筑功能要求,且接缝宽度应满足主体结构的层间位移、密封材料的变形能力、施工误差、温度引起变形等要求,且不应小于 15 mm。

图 2-7　PCF 板做法

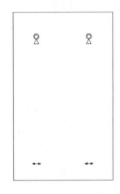

图 2-8　外挂墙板

6)预制内隔墙板

预制内隔墙板按成型方式可分为挤压成型墙板和立模(平模)浇筑成型墙板两种。

①挤压成型墙板。

挤压成型墙板也称预制条形墙板,是在预制工厂将搅拌均匀的轻质材料浆,使用挤压成型机通过模板(模腔)成型的墙板,如图 2-9 所示。

图 2-9　挤压成型墙板

按断面不同,挤压成型墙板可分为空心板、实心板两类。在保证墙板承载和抗剪性能的前提下,将墙体断面做成空心,可以有效降低墙体的重量,并通过墙体空心处空气的特性提高墙体所围成房间内的保温、隔声效果。门边板端部为实心板,实心宽度不得小于 100 mm。

对于没有门洞的墙体,应从墙体一端开始沿墙长方向顺序排板;对于有门洞的墙体,应从门洞口开始分别向两边排板。当墙体端部的墙板不足一块板宽时,应设计补板。

②立模(平模)浇筑成型墙板。

立模(平模)浇筑成型墙板也称预制混凝土整体内墙板,是在预制车间按照所需的样式使用钢模具拼接成型,浇筑或摊铺混凝土制成的墙体,如图2-10所示。

图 2-10　立模(平模)浇筑成型墙板

根据受力不同,预制内隔墙板可使用单种材料或者多种材料加工而成。

将聚苯乙烯泡沫板材、聚氨酯、无机墙体保温隔热材料等轻质材料填充到墙体中,可以减少混凝土用量,绿色环保,减少室内热量与外界的交换,增强墙体的隔声效果,并通过墙体自重的减轻降低运输和吊装的成本。

2.1.2　主要水平预制构件

1.预制混凝土叠合梁

预制混凝土
叠合梁

预制混凝土叠合梁是由预制混凝土底梁(或既有混凝土底梁)和后浇混凝土组成,分两阶段成型的整体受力水平结构受力构件,如图2-11所示。其下半部分在工厂预制,上半部分在工地叠合浇筑混凝土。

图 2-11　预制混凝土叠合梁

预制混凝土叠合梁按受力性能又可分为一阶段受力叠合梁和二阶段受力叠合梁两类。前者是指施工阶段在预制梁下设有可靠支撑,能保证施工阶段作用的荷载全部传给支撑;后者则是指施工阶段在简支的预制梁下不设支撑,施工阶段的全部荷载完全由预制梁承担。

采用预制混凝土叠合梁,可以减轻装配式构件的重量,更便于吊装,同时由于后浇混凝土的存在,其结构的整体性也相对较好。薄弱环节主要在预制构件与后浇混凝土两者之间的结合面上。因此,为保证该部位的牢固结合,施工时要求该叠合面采用凹凸深度不小于 6 mm 的自然粗糙面,且必须冲洗干净以后方可浇筑后续混凝土,同时还应将预制梁及隔板的箍筋全部伸入叠合层。这些构造措施,保证了叠合梁结构整体的稳定与安全。

装配整体式框架结构中,采用叠合梁时,框架梁的后浇混凝土叠合层厚度不宜小于 150 mm,次梁的后浇混凝土叠合层厚度不宜小于 120 mm;采用凹口截面预制梁时,凹口深度不宜小于 50 mm,凹口边厚度不宜小于 60 mm。矩形截面叠合梁和凹口截面叠合梁的截面示意与实物如图 2-12 和图 2-13 所示。

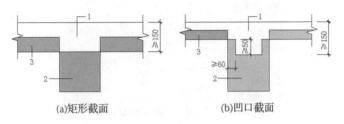

(a)矩形截面　　　　　　(b)凹口截面

图 2-12　叠合梁截面示意(单位:mm)

1—后浇混凝土叠合层;2—叠合梁;3—叠合板

图 2-13　矩形截面叠合梁和凹口截面叠合梁

抗震等级为一、二级的叠合框架梁的梁端箍筋加密区宜采用整体封闭箍筋。当叠合梁受扭时宜采用整体封闭箍筋,且整体封闭箍筋的搭接部分宜设置在预制部分,如图 2-14(a)所示。

采用组合封闭箍筋的形式时,开口箍筋上方应做成 135°弯钩,如图 2-14(b)所示;非抗震设计时,弯钩端头平直段长度不应小于 5d(d 为箍筋直径);抗震设计时,平直段长度不应小于 10d。现场应采用箍筋帽封闭开口箍,箍筋帽两端应做成 135°弯钩,也可做成一端 135°、另一端 90°弯钩,但 135°弯钩和 90°弯钩应沿纵向受力钢筋方向交错布置,框架梁弯钩平直段长度不应小于 10d,次梁 135°弯钩平直段长度不应小于 5d,90°弯钩平直段长度不应小于 10d。

2. 预制混凝土叠合楼板

预制混凝土叠合楼板是指预制混凝土板顶部在现场后浇混凝土而形成的整体板构件,简称叠合板。

叠合板的预制板厚度不宜小于 60 mm,后浇混凝土叠合层厚度不应小于 60 mm。跨度大于 3 m,宜采用预制混凝土钢筋桁架叠合板;跨度大于 6 m,宜采用预应力混凝土预制板;板厚大于 180 m 的叠合板,宜采用混凝土空心板。当叠合板的预制板采用空心板时,板端空腔应封堵。

1)预制混凝土钢筋桁架叠合楼板

预制混凝土钢筋桁架叠合楼板属于半预制构件,下部为预制混凝土板,外露部分为桁架钢筋,如图 2-15 所示。预制混凝土钢筋桁架叠合楼板在工地安装到位后应进行二次浇筑,从而成

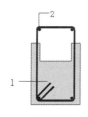
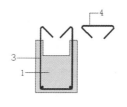

(a)采用整体封闭箍筋　　　(b)采用组合封闭箍筋

图 2-14　叠合梁箍筋示意

1—预制梁;2—上部纵向钢筋;3—开口箍筋;4—箍筋帽

为整体实心楼板。钢筋桁架的主要作用是将后浇筑的混凝土层与预制底板形成整体,并在制作和安装过程中提供刚度。伸出预制混凝土层的钢筋桁架和粗糙的混凝土表面保证了叠合楼板预制部分与现浇部分能有效地结合成整体。

预制混凝土钢筋桁架叠合楼板　　　**图 2-15　预制混凝土钢筋桁架叠合楼板**

桁架钢筋应沿主要受力方向布置,距板边不应大于 300 mm,间距不宜大于 600 mm。桁架钢筋弦杆钢筋直径不宜小于 8 mm,腹杆钢筋直径不应小于 4 mm。桁架钢筋弦杆混凝土保护层厚度不应小于 15 mm。

2)预制带肋底板混凝土叠合楼板

预制带肋底板混凝土叠合楼板一般为预应力带肋混凝土叠合楼板,简称 PK 板,如图 2-16所示。

图 2-16　预制带肋底板混凝土叠合楼板

PK 板以倒 T 形预应力混凝土预制带肋薄板为底板,肋上预留椭圆形孔,孔内穿置横向非预应力受力钢筋,然后再浇筑叠合层混凝土,从而形成整体双向受力楼板。

PK 板的预应力钢筋采用高强消除预应力螺旋肋钢丝,具有较高的承载力、刚度及抗裂性能。施工阶段板底不需设置竖向支撑,预制构件单向简支受力,使用阶段叠合楼板整体双向受力,是二次受力的预应力混凝土双向叠合楼板。

2.1.3 其他预制构件

1. 预制混凝土楼梯

预制混凝土楼梯是将楼梯的组成构件在工厂或工地现场预制,然后在施工现场拼装而成的一种楼梯,如图 2-17 所示。

预制楼梯克服了原传统混凝土现浇楼梯施工方法陈旧、施工工艺烦琐、成品观感质量较低、施工精度低、对工人技术要求高、混凝土浇筑时难于振捣等问题。近年来,随着我国住宅产业化建设进入一个快速发展时期,装配式结构施工对安全设计的需求不断提高,预制构件安装施工已经成为加快施工进度、保证施工质量和反映施工文明程度的标志之一。追求一种快速、安全可靠、拆装便捷、施工管理方便的预制混凝土楼梯安装施工技术是建筑施工单位的必然选择。

预制混凝土楼梯

图 2-17　预制混凝土楼梯

预制装配梁承式钢筋混凝土楼梯是指梯段由平台梁支承的楼梯构造方式。由于在楼梯平台与斜向梯段交汇处设置了平台梁,避免了构件转折处受力不合理和节点处理的困难,在一般大量性民用建筑中较为常用。其预制构件可按梯段(板式或梁板式梯段)、平台梁、平台板三部分进行划分。梁板式梯段,踏步板两端支承在斜梁上,斜梁支承在平台梁上。

采用预制混凝土楼梯可节省现场施工时间,结构可先行施工,楼梯跟随结构施工进度进行安装,省去了现场设计、支模、浇筑和二次修整的工序,节约了工期和工程成本。预制混凝土楼梯安装施工主要依靠专人指挥塔式起重机连接起重吊具,将预制混凝土楼梯吊至指定安装位置,并进行安装加固施工,如图 2-18 所示。

预制楼梯是以楼梯间为单元进行拆分,结合建筑层高、楼梯间开间和进深的净尺寸、踏步条件、结构计算等参数完成设计的。传统建筑施工图已明确楼梯定位,包括踏步高度、宽度和级数,楼梯梯段板厚度和配筋由结构计算得来,综合这些信息即可完成预制楼梯的设计。

图 2-18　预制混凝土楼梯现场安装

楼梯的平台梁、平台板可以采用现浇,一般楼梯平台板处建筑面层厚度为 30 mm,所以预制楼梯在对齐楼板顶标高的基础上抬高 30 mm。预制楼梯与支承构件之间采用简支连接,预制楼梯上部设置固定铰,下部设置滑动铰,固定螺杆也可以用钢筋替换。楼梯接触面应预留座浆高度 20 mm,楼梯插销孔定位要与梯梁上的插筋定位相对应。在无装饰面层的情况下,预制楼梯应设置防滑槽。预制混凝土楼梯与现浇楼梯的不同之处是,预制混凝土楼梯要设置通长面筋,吊点和上、下部销键应设置加强筋。

预制混凝土楼梯规范中要求,预制楼梯踏步宽度不小于 250 mm,宜采用 260 mm、280 mm、300 mm 等。预制楼梯宽度宜为 100 mm 的整数倍。低、高端平台段长度应满足搁置长度要求。住宅设计规范中要求,楼梯踏步宽度不应小于 260 mm,踏步高度不应大于 175 mm,楼梯梯段净宽不应小于 1 100 mm。

楼梯间开间和进深尺寸应符合模数系列要求,即宜为 100 mm 的整数倍。取常用宽度 1 200 mm 作为标准楼梯宽度。楼梯梯井的宽度一般为 60～200 mm,可以用来调节安装缝之外的剩余尺寸。

楼梯梯段板的厚度应不小于 120 mm。双跑楼梯中常用的梯段板厚度为 120 mm、130 mm 等,剪刀楼梯中常用的梯段板厚度为 200 mm、210 mm,具体数值由结构设计根据梯段板的跨度、楼梯的结构形式、步高、步宽和所受的荷载来确定。通常粗略估算,板式楼梯的厚度按梯段板净跨的 1/30～1/20 取值。预制双跑楼梯两端的搁置长度不宜小于 400 mm,剪刀楼梯两端的搁置长度不宜小于 500 mm。

2. 预制混凝土阳台板

预制阳台板的受力情况同挑梁式阳台板相同,即由悬挑横梁承担阳台的全部荷载,结构安全可靠;另外,预制阳台板吊装就位后,没有很大的现场混凝土浇灌的工作量,因而极大地加快了施工速度。预制混凝土阳台板如图 2-19 所示。

预制阳台分叠合阳台(半预制)和全预制阳台。预制阳台可以节省工地制模和支撑等的时间。强制阳台板一般在预制场制作。在叠合板体系中,可以将预制阳台和叠合楼板以及叠合墙板一次性浇筑成一个整体,或运输到现场安装。预制阳台板较适合在由多幢住宅组成的住宅小区中使用,在阳台板数量较多的情况下,更能显示出优越性。

叠合板式阳台指由预制混凝土阳台板和后浇混凝土阳台板叠加合成的、以两阶段成型的整体受力的结构构件。

29

图 2-19　预制混凝土阳台板

1）构件特点

①对一个建筑室内结构来说，阳台是一个延伸，其功能是非常多样的，和其他室内场所不同，这个场所不仅要保证实用性，美观也非常重要。现在阳台主要分为三个类型，分别是悬挑型、拐角型和嵌入型。阳台可以给人一个室外锻炼、纳凉和观赏的环境，如果布置得当，也可以形成一个小型花园。在房屋建筑相关规范当中已经规定：主体结构内部的阳台应当按照其结构外围水平来计算整个面积；如果阳台在主体结构外，就要按照其结构底板的面积来计算其二分之一的面积；如果其为露台，则不计入建筑面积。

预制混凝土
阳台板

②在预制阳台设计的过程中，首先要充分保证其设计的具体形式符合当地建筑的具体规范以及设计的相关标准，同时还要考虑到业主所提出的各项功能性的要求，在确保阳台的安全性和耐久性的同时，也要保证其施工工艺的便捷性和可操作性。此外，在外观层面上来说，预制阳台的设计也需要具有美观性。

③预制阳台作为标准化或通用化的建筑部品体系，可组织专业化大批量生产，既便于控制产品质量，缩短生产周期，提高生产效率，降低能源及原料消耗，又便于装配、维修，缩短工期，还降低了施工扬尘，减少了建筑垃圾，改善了人居环境。

2）构造要求

根据国家建筑标准设计图集《预制钢筋混凝土阳台板、空调板及女儿墙》（15G368-1），对预制钢筋混凝土阳台板、空调板选用原则有以下技术要求：

①预制钢筋混凝土阳台板、空调板，宜选用图集《预制钢筋混凝土阳台板、空调板及女儿墙》（15G368-1）的做法。选用标准图集，可简化设计过程，便于形成规模化生产，降低工程成本。

②同一建筑单体，预制阳台板、预制空调板规格均不宜超过 2 种。限制预制阳台板和预制空调板规格数量，有利于预制构件的规模化生产，降低构件成本。

③预制阳台板长度，宜选用阳台长度 1 010 mm（该数值因地而异）的规格。

④预制阳台板宽度，宜采用 3M（即 300 mm）的整数倍数。

⑤预制阳台板封边高度，宜选用 400 mm（该数值因地而异）的规格。实际工程中，如需要较高的阳台栏板，可另做阳台栏板构件。

3.预制混凝土空调板

预制混凝土空调板通常采用预制实心混凝土板，板顶预留钢筋通常与预制叠合板的现浇层相连，如图 2-20 所示。

30

4.预制混凝土女儿墙

预制混凝土女儿墙,如图 2-21 所示,是屋顶处外墙的延伸部位,通常有立面造型。采用预制混凝土女儿墙的优势是安装快速,节省工期。

图 2-20　预制混凝土空调板

图 2-21　预制混凝土女儿墙

2.2 预制混凝土构件常用配件 ·······················

2.2.1 外墙保温拉结件

外墙保温拉结件是用于连接预制保温墙体内、外层混凝土墙板,传递墙板剪力,以使内外层墙板形成整体的连接器,如图 2-22 所示。拉结件宜选用纤维增强复合材料或不锈钢薄钢板加工制成。供应商应提供明确的材料性能和连接性能技术标准要求。当有可靠依据时,也可以采用其他类型拉结件。

图 2-22　外墙保温拉结件

夹芯外墙板中内、外墙板的拉结件应符合下列规定:

(1)金属及非金属材料拉结件均应具有规定的承载力、抗变形和耐久性能,并应经过试验验证。

(2)拉结件应满足夹芯外墙板的节能设计要求。

目前,在预制夹芯保温墙体中使用的拉结件主要有玻璃纤维拉结件、玄武岩纤维钢筋拉结件、不锈钢拉结件等。

拉结件的设置方式应满足以下要求：

①棒状或片状拉结件宜采用矩形或梅花形布置，间距一般为 400~600 mm，拉结件与墙体洞口边缘距离一般为 100~200 mm；当有可靠依据时，也可按设计要求确定。

②拉结件的锚入方式、锚入深度、保护层厚度等参数应满足现行国家相关标准的规定。

2.2.2　预埋螺栓和预埋螺母

预埋螺栓是将螺栓预埋在预制混凝土构件中，留出螺栓丝扣用来固定构件，可起到连接固定作用，如图 2-23 所示。

图 2-23　预埋螺栓

常见的做法是预制挂板通过构件内的预埋螺栓与预制叠合板或者阳台板进行连接，还有为固定其他构件而预埋螺栓的。

与预埋螺栓相对应的另一种方式是预埋螺母。预埋螺母的好处是，构件的表面没有凸出物，便于运输和安装，如内丝套筒就属于预埋螺母。

对于小型预制混凝土构件，预埋螺栓和预埋螺母在不影响正常使用和满足起吊受力性能的前提下也可当作吊钉使用。

2.2.3　预埋吊钉

预制混凝土构件过去的预埋吊件主要为吊环，现在多采用圆头吊钉、套筒吊钉、平板吊钉等预埋吊钉，如图 2-24 所示。

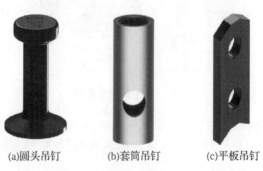

(a)圆头吊钉　　　　(b)套筒吊钉　　　　(c)平板吊钉

图 2-24　预埋吊钉

圆头吊钉适用于所有预制混凝土构件的起吊，例如墙体、柱子、横梁、水泥管道。它的特点是无须加固钢筋，拆装方便，性能卓越，使用操作简便。还有一种带眼圆头吊钉，通常在尾部的孔中拴上锚固钢筋,以增强圆头吊钉在预制混凝土中的锚固力。

套筒吊钉适用于所有预制混凝土构件的起吊。其优点是预制混凝土构件表面平整;缺点是采用螺纹接驳器时,需要将接驳器的丝杆完全拧入套筒,如果接驳器的丝杆没有拧到位或接驳器的丝杆受到损伤则可能降低其起吊能力,因此,较少在大型构件中使用套筒吊钉。

平板吊钉适用于所有预制混凝土构件的起吊,尤其适合墙板类薄型构件。平板吊钉种类繁多,选用时应根据厂家的产品手册和指南选用。平板吊钉的优点是起吊方式简单,安全可靠,正得到越来越广泛的应用。

课后练习

一、单选题

1.下列选项不属于预制结构构件的是(　　)。

A.预制外挂墙板　　　　　　　　　　　B.预制柱

C.预制叠合楼板　　　　　　　　　　　D.预制叠合梁

2.下列关于叠合板设计说法错误的是(　　)。

A.叠合板的预制板厚度不宜小于 60 mm

B.后浇混凝土叠合层厚度不应小于 60 mm

C.当叠合板的预制板采用空心板时,板端空腔应封堵

D.板厚大于 180 mm 的叠合板,不宜采用混凝土空心板

3.预制柱的纵向受力钢筋直径不宜小于(　　)。

A.16　　　　　　　　B.18　　　　　　　　C.20　　　　　　　　D.22

4.下列关于外挂墙板构造说法错误的是(　　)。

A.外挂墙板采用双层双向配筋

B.外挂墙板的厚度为 100 mm

C.外挂墙板竖向和水平钢筋的间距为 250 mm

D.外挂墙板竖向和水平钢筋的最小配筋率为 0.15%,且钢筋最小直径为 5 mm

5.(　　)可以将外叶墙板的混凝土重量传递到内叶承重墙板上。

A.螺栓　　　　　　　B.钢筋　　　　　　　C.拉结件　　　　　　D.保温板

6.多层装配式墙板结构的预制墙板厚度不宜小于(　　)mm。

A.100　　　　　　　　B.120　　　　　　　　C.140　　　　　　　　D.200

7.拉结件是保证装配整体式夹芯剪力墙和夹芯外墙的内、外叶墙板可靠连接的重要部件。不是常用拉结件的有(　　)。

A.钢筋拉结件　　　　　　　　　　　　B.玻璃纤维拉结件

C.玄武岩纤维钢筋拉结件　　　　　　　D.不锈钢拉结件

8.当预制外墙采用夹芯墙板时,外叶墙板厚度不应小于(　　)mm,且外叶墙板应与内叶墙板可靠连接。

A.20　　　　　　　　B.30　　　　　　　　C.50　　　　　　　　D.80

9.下列关于叠合板设计说法错误的是(　　　)。

A.叠合板的预制板厚度不宜小于 60 mm,后浇混凝土

B.叠合板厚度不应小于 60 mm

C.跨度大于 3 m 的叠合板,宜采用桁架钢筋混凝土叠合板

D.板厚大于 180 mm 的叠合板,不宜采用混凝土空心板

10.下列关于预制混凝土楼梯说法错误的是(　　　)。

A.宜一端设置固定铰,另一端设置滑动铰

B.设置滑动铰的端部应采取防止滑落的构造措施

C.抗震设防烈度为 6 度时预制混凝土楼梯在支承构件上的最小搁置长度为 100 mm

D.与支承构件之间宜采用简支连接

二、判断题

1.预制外挂墙板是指安装在主体结构上,起围护、装饰作用的非承重预制混凝土外墙板。
(　　　)

2.预制构件拼接部位的混凝土强度等级不应低于预制构件的混凝土强度等级。(　　　)

3.贴面砖的预制外墙板,简称 PCF 板,是在预制工厂进行外墙板的预制,在装配完成后,在施工现场进行外墙面砖的铺设。(　　　)

4.相比现浇楼板,预制叠合板表面更加光滑和平整,预制叠合板在各个方面均比现浇楼板更加有优势。(　　　)

5.跨度大于 6 m 的叠合板,宜采用桁架钢筋混凝土叠合板。(　　　)

6.叠合板的预制板与后浇混凝土叠合层之间设置的抗剪构造钢筋宜采用马镫形状,间距不宜大于 300 mm,钢筋直径 d 不应小于 6 mm。(　　　)

7.桁架钢筋混凝土叠合板中桁架钢筋应沿主要受力方向布置。(　　　)

8.当叠合梁受扭时宜采用整体封闭箍筋,且整体封闭箍筋的搭接部分宜设置在预制部分。(　　　)

9.预制楼梯与支承构件之间宜采用简支连接。(　　　)

三、简答题

1.装配式混凝土建筑常用预制构件有哪些?

2.装配式混凝土建筑预制构件常用配件有哪些?

Chapter 3

项目3 装配式混凝土建筑预制构件制作

随着国家和各省、市、自治区对装配式建筑的大力推广,装配式混凝土建筑迎来前所未有的发展机遇,各地钢筋混凝土预制构件制作生产工厂也纷纷出现。构件的生产工艺流程和生产制作技术成为目前投资建厂的较大障碍,国内生产大型预制构件的生产线和技术均处于探索阶段,有待各地在实践中不断完善,形成符合我国国情的技术体系规范和技术指标。本项目介绍了钢筋混凝土预制构件工厂生产制作工艺流程,包括构件制作过程中的模具组装、钢筋绑扎、预埋件和吊件埋设、混凝土浇筑与养护、构件脱模与表面修补、构件检验与标识、运输与存储等内容,并设计了生产工艺流程图,指出了预制构件制作的技术要求。

3.1 预制构件的生产设备和模具

3.1.1 预制构件的生产设备

预制构件生产的主要设备按照使用功能可分为生产线设备、转运设备(辅助设备)、起重设备、钢筋加工设备、混凝土搅拌设备、机修设备和其他设备七种。

1. 生产线设备

预制构件的生产设备主要包括模台、清扫喷涂机、画线机、送料机、布料机、振动台、振捣刮平机、拉毛机、预养护窑、抹光机、立体养护窑等。各设备简介如下。

1)模台

目前常见的模台有碳钢模台和不锈钢模台两种。通常采用 Q345 材质整板铺面,台面钢板厚度为 10 mm。模台如图 3-1 所示。

目前常用的模台尺寸为 9 000 mm×4 000 mm×310 mm。

平整度:表面不平度为在任意 3 000 mm 长度内±1.5 mm。

模台承载能力:$P \geqslant 6.5$ kN/m²。

2)清扫喷涂机

清扫喷涂机如图 3-2 所示,常采用除尘器一体化设计,流量可控,喷嘴角度可调,具备雾化的功能。

图 3-1　模台

图 3-2　清扫喷涂机

常见规格为 4 110 mm×1 950 mm×3 500 mm，喷洒宽度为 35 mm。总功率为 4 kW。

3）画线机

画线机如图 3-3 所示，主要用于在模台上实现全自动画线，采用数控系统，具备 CAD 图形编程功能和线宽补偿功能，配备 USB 接口，按照设计图纸进行模板安装位置及预埋件安装位置定位画线，完成一次平台画线的时间小于 5 min。

常见规格为 9 380 mm×3 880 mm×300 mm，总功率为 1 kW。

4）送料机

常见的送料机如图 3-4 所示，有效容积不小于 2.5 m³，运行速度为 0～30 m/min，速度可变频控制；外部振捣器辅助下料。

图 3-3　画线机

图 3-4　送料机

送料机运行时，输送料斗与布料机位置设置互锁保护，在自动运转的情况下与布料机实现联动；可采用自动、手动、遥控操作方式；每个输送料斗均有防撞感应互锁装置，行走时启动声光报警装置，静止时启动锁紧装置。

5）布料机

布料机（见图 3-5）沿上横梁轨道行走，装载的拌合物以螺旋式下料方式被布下。

储料斗有效容积为 2.5 m³，下料速度可控制为 0.5～1.5 m³/min（由不同的坍落度要求决定），在布料的过程中，下料口开闭数量可控；与输送料斗、振动台、模台运行等可实现联动互锁；具有安全互锁装置；纵、横向行走速度及下料速度可变频控制，可实现完全自动布料功能。

6)振动台

振动台如图 3-6 所示,可与模台液压锁紧;振捣时间小于 30 s,振捣频率可调;模台升降、振捣、模台移动、布料机行走时具有安全互锁功能。

图 3-5　布料机

图 3-6　振动台

7)振捣刮平机

振捣刮平机采用上横梁轨道式纵向行走,其升降系统采用电液推杆,可在任意位置停止并自锁;行进速度为 0~30 m/min,变频可调;刮平有效宽度与模台宽度相适应;激振力大小可调。振捣刮平机如图 3-7 所示。

图 3-7　振捣刮平机

8)拉毛机

拉毛机适用于叠合楼板的混凝土表面处理;可实现升降、锁定位置等功能;有定位调整功能,通过调整可准确地下降到预设高度。拉毛机如图 3-8 所示。

9)预养护窑

预养护窑几何尺寸为:模台上表面与窑顶内表面有效高度不小于 600 mm;关于窑体宽度,平台边缘与窑体侧面有效距离不小于 500 mm。预养护窑如图 3-9 所示。

预养护窑开关门机构垂直升降、密封可靠,升降时间小于 20 s;温度自动检测监控;加热自动控制(干蒸);开关门动作与模台行进的动作实现互锁保护。窑内温度均匀,温差<3 ℃。设计最高温度不小于 60 ℃。

图 3-8　拉毛机

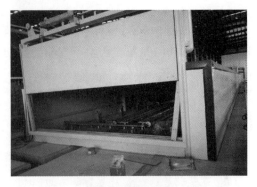

图 3-9　预养护窑

10）抹光机

抹光机抹头可升降调节，能准确地下降到预设高度并锁定；在作业过程中抹头在水平面内可实现二维方向的移动调节，在设定的范围内作业；抹平力和浮动叶片的角度可机械调节。抹光机如图 3-10 所示。

11）立体养护窑

立体养护窑每列之间隔断保温，温湿度单独可控；保温板芯部材料密度值不低于 15 kg/m³，并且防火阻燃，保温材料耐受温度不低于 80 ℃；温度、湿度自动检测监控；加热、加湿自动控制；窑内平台确保定位锁紧，支撑轮悬臂采用防变形设计，支撑轮悬臂轴的长度不大于 300 mm；窑温均匀，温差＜3 ℃。立体养护窑如图 3-11 所示。

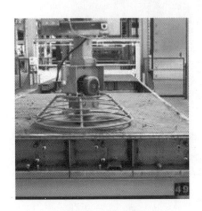

图 3-10　抹光机

图 3-11　立体养护窑

2. 预制混凝土构件转运设备

预制混凝土构件转运设备主要有翻板机、平移车、堆码机等。

1）翻板机

翻板机设计负荷不小于 25 t；翻板角度为 80°～85°。动作时间：翻起到位时间＜90 s。翻板机如图 3-12 所示。

2）平移车

平移车设计负载不小于 25 t/台；液压缸同步升降；两台平移车行进过程保持同步，伺服控制；模台在平移车上定位准确，具备限位功能；模台状态、位置与平移车状态、位置实行互锁保护；行走时，车头端部安装安全防护连锁装置。平移车如图 3-13 所示。

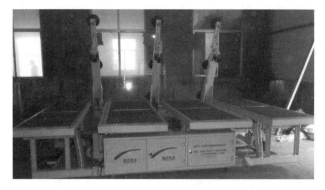
图 3-12　翻板机

3）堆码机

堆码机在地面轨道上行走，模台采用卷扬式升降结构，开门行程不小于 1 m；大车定位锁紧机构；升降架调整定位机构；升降架升降导向机构；设计负荷不小于 30 t；横向行走速度、提升速度均变频可调；可实现手动、自动化运行。堆码机如图 3-14 所示。

图 3-13　平移车

图 3-14　堆码机

堆码机在行进、升降、开关门、进出窑等动作时具备完整的安全互锁功能；在设备运行时启动声光报警装置；节拍时间＜15 min（以运行距离最长的窑位为准）。

3.起重设备等

预制构件生产过程中还需要起重设备等其他设备，主要包括如表 3-1 所示的工器具。

表 3-1　生产用主要其他工器具

工 作 内 容	器具、工具
起重	5～10 t 起重机、钢丝绳、吊索、吊装带、卡环、接驳器等
运输	构件运输车、平板转运车、叉车、装载机等
清理打磨	角磨机、刮刀、手提垃圾桶等
混凝土施工	插入式振捣器、平板振捣器、料斗、木抹、铁抹、铁锹、刮板、拉毛笆子、喷壶、温度计等
模板安装、拆卸	电焊机、空压机、电锤、电钻、各类扳手、橡胶锤、磁铁固定器、专用磁铁撬棍、铁锤、线绳、墨斗、滑石笔等

3.1.2 预制构件的模具

预制构件模具是一种组合型结构模具,满足预制构件浇筑和再利用的需求。它依照构件图纸生产要求进行设计制作,使混凝土构件按照规定的位置、几何尺寸成型,保持建筑模具位置正确,并承受建筑模具的自重及作用在其上的构件侧部压力载荷。

1.预制构件模具设计的总体要求

预制构件模具以钢模为主,面板主材选用 HPB300 级钢板,支撑结构可选用型钢或者钢板,规格可根据模具形式选择,应满足以下要求:

(1)模具应具有足够的承载力、刚度和稳定性,保证在构件生产时能可靠承受浇筑混凝土的重量、侧压力及工作荷载。

(2)模具应支、拆方便,且应便于钢筋安装和混凝土浇筑、养护。

(3)模具的部件与部件之间应连接牢固;预制构件上的预埋件均应有可靠的固定措施。

2.预制构件模具的设计

1)模具设计应考虑的因素

①成本。在满足使用要求和使用周期的情况下应尽量降低重量。

②使用寿命。赋予模具一个合理的刚度,增大模具周转次数。

③质量。构件品质和尺寸精度取决于材料性能,成型效果依赖于模具的质量。

④通用性。应提高模具重复利用率,使一套模具在成本适当的情况下尽可能地满足"一模多制作"要求。

⑤效率。在生产过程中,对生产效率影响最大的工序是组模、预埋件安装以及拆模,其中就有两道工序涉及构件模具,因此,模具设计合理与否对生产效率尤为关键。

⑥方便生产。模具最终是为构件生产服务的,不单要实现模具刚度及尺寸,而且应符合构件生产工艺要求。

⑦方便运输。在不影响使用周期的情况下进行轻量化设计,既可以降低成本又可以提高作业效率,还可使模具运输更方便。

⑧采用三维软件设计。采用三维软件,可使整套模具设计体系更加直观化、精准化。

2)模具的设计要点

预制构件模具设计资料一般包括模具总装图、模具部件图和材料清单三个部分。

现有模具的体系可分为独立式模具和大模台式模具(即模台可公用,只加工侧模)。

独立式模具用钢量较大,适用于构件类型较单一且重复次数多的项目。大模台式模具只需制作侧边模具,底模还可以在其他工程上重复使用。

主要模具类型有梁模、柱模、叠合楼板模具、阳台板模具、楼梯模具、内墙板模具和外墙板模具等。图 3-15 至图 3-22 所示为常见的几种模具类型。

①叠合楼板模具设计要点。

根据叠合楼板高度,可选用相应的角铁作为边模,当楼板四边有倒角时,可在角铁上后焊一块折弯后的钢板。

角铁组成的边模上开了许多豁口,会导致长向的刚度不足,故沿长向可分若干段,以每段 1.5~2.5 m 为宜。侧模上还需设加强肋板,间距为 400~500 mm。

图 3-15　楼梯的平打模具

图 3-16　楼梯的立打模具

图 3-17　叠合板的角钢边模

图 3-18　叠合板的长边通长边模

图 3-19　剪力墙模具的顶模和底模

图 3-20　剪力墙模具的侧模

图 3-21　梁模

图 3-22　柱模

②阳台板模具设计要点。

为了体现建筑立面效果，一般住宅建筑的阳台板设计为异形构件。构件的四周都设计了反边，导致阳台板不能利用大模台式模具生产。可设计阳台板模具为独立式模具，根据构件数量选择模具材料。要注意构件脱模的问题，在不影响构件功能的前提下，可适当留出脱模斜度（1/10左右）。当构件高度较大时，应重点考虑侧模的定位和刚度问题。

③楼梯模具设计要点。

楼梯模具可分为卧式和立式两种。卧式模具占用场地大，需要压光的面积也大，构件需多次翻转，故楼梯模具常设计为立式。设计重点为楼梯踏步的处理。由于踏步呈折线形，钢板需折弯后拼接，拼缝的位置宜放在既不影响构件效果又便于操作的位置，拼缝的处理可采用焊接或冷拼接工艺。需要特别注意拼缝处的密封性，严禁出现漏浆现象。

④内墙板模具设计要点。

内墙板就是混凝土实心墙体，一般没有造型。通常，预制内墙板的厚度为 200 mm，为便于加工，可选用 20 号槽钢作为边模。

内墙板三面均有外露筋且数量较多，需要在槽钢上开许多豁口，这会导致边模刚度不足，周转中容易变形，所以应在边模上增设肋板。

⑤外墙板模具设计要点。

外墙板一般采用三明治结构，通常采用"结构层（200 mm）＋保温层（50 mm）＋保护层（50 mm）"形式。此类墙板可采用正打或反打工艺。建筑对外墙板的平整度要求很高，如果采用正打工艺，无论是人工抹面还是机器抹面，都不足以达到要求的平整度，对后期制作较为不利；但采用正打工艺有利于预埋件的定位，操作工序也相对简单。可根据工程的需求，选择不同的工艺。

所谓正打，通常指混凝土墙板浇筑后，表面压轧出各种线条和花饰。

所谓反打，就是在平台座或平钢模的底模上预铺各种花纹的衬模，使墙板的外皮在下面，内皮在上面，与正打正好相反。采用这种工艺可以在浇筑外墙混凝土墙体的同时一次性地将外饰面的各种线形及质感制作出来。

将所选用的瓷砖或天然石材预贴于模板表面，采用反打成型工艺，可与三明治保温外墙板的外叶墙混凝土形成一体化装饰效果。为保证瓷砖和石材与混凝土粘结牢固，应使用背面带燕尾槽的瓷砖或带燕尾槽的仿石材效果陶瓷薄板。如果采用天然石材装饰材料，背面还要设专用爪丁，并涂刷防水剂。

外墙装修的
一体化

根据浇筑顺序，可将模具分为两层：第一层为"保护层＋保温层"；第二层为结构层。第一层模具作为第二层的基础，在第一层的连接处需要加固；第二层的结构层模具同内墙板模具形式。结构层模具的定位螺栓较少，故需要增加拉杆定位，防止胀模。

⑥外墙板和内墙板模具防漏浆设计要点。

构件三面都有外露钢筋，侧模处需开对应的豁口，豁口数量较多，造成拆模困难。可将豁口开得大一些，用橡胶等材料将混凝土与边模分离开，从而大大降低拆卸难度。

⑦边模定位方式设计要点。

边模与大模台式模具通过螺栓连接，为了快速拆卸，宜选用 M16 的粗牙螺栓。

在每个边模上设置 3～4 个定位销，以便精确地定位。连接螺栓的间距控制在 500～600 mm 为宜，定位销间距不宜超过 1 500 mm。

⑧预埋件定位设计要点。

预制构件预埋件较多,且精度要求很高,需在模具上精确定位,有些预埋件的定位在大模台式模具上完成,有些预埋件不与底模接触,需要通过靠边模支撑的吊模完成定位。吊模要求拆卸方便、定位唯一,以防止错用。

⑨模具加固设计要点。

对模具使用次数一般有一定的要求,故有些部位必须加强,一般通过增设肋板解决,当肋板不足以解决时可把每个肋板连接起来,以增强整体刚度。

⑩模具的验收要点。

除外形尺寸和平整度外,还应重点检查模具的连接和定位系统。

⑪模具的经济性分析要点。

根据项目中每种预制构件的数量和工期要求,配备出合理的模具数量,再分摊到每种构件中,得出一个经济指标,一般为每平方米混凝土中含多少钢材,据此可作为报价的一部分。

3. 模具的制作

模具制作加工工序可概括为开料→制成零件→拼装成模。

首先,依照零件图开料,将零件所需的各部分材料按图纸尺寸裁制。对部分精度要求较高的零件,裁制好的板材还需要进行精加工来保证其尺寸精度符合要求。

其次,将裁制好的材料依照零件图进行折弯、焊接、打磨等制成零件。因部分零件外形尺寸对产品质量影响较大,为保证产品质量,还需对焊接好的零件局部尺寸进行精加工。

最后,将制成的各零件依照组装图拼模。拼模时,应保证各相关尺寸达到精度要求。待所有尺寸均符合要求后,安装定位销及连接螺栓,随后安装定位机构和调节机构。再次复核各相关尺寸,若无问题,模具即可交付使用。

4. 模具的使用要求

1)编号要点

由于每套模具被分解得较零碎,需按顺序统一编号,防止错用。

2)组装要点

边模上的连接螺栓和定位销一个都不能少,必须紧固到位。为了构件脱模时边模能顺利拆卸,防漏浆的部件必须安装到位。

3)吊模等的拆除要点

在预制构件蒸汽养护之前,应把吊模和防漏浆的部件拆除。选择此时拆除的原因为:吊模好拆卸,在流水线上不占用上部空间,可降低蒸养窑的层高;混凝土几乎还没有强度,防漏浆的部件很容易拆除,若等到脱模时拆除,混凝土的强度已达到 20 MPa 左右,防漏浆部件、混凝土和边模会紧紧地粘在一起,极难拆除。因此,防漏浆部件必须在蒸汽养护之前拆掉。

4)模具的拆除要点

构件脱模时,应首先将边模上的螺栓和定位销全部拆卸掉,为了保证模具的使用寿命,禁止使用大锤。拆卸的工具宜为皮锤、羊角锤、小撬棍等。

5)模具的养护要点

在模具暂时不使用时,需在模具上涂刷一层机油,防止腐蚀。

3.2 预制构件制作 ....

预制构件生产企业应依据构件制作特点进行预制构件的制作,并应根据预制构件型号、形状、重量等特点制订相应的工艺流程,明确质量要求和生产阶段质量控制要点,编制完整的构件制作计划书,对预制构件生产全过程进行质量管理和计划管理。预制混凝土(PC)构件制作流程如图 3-23 所示。

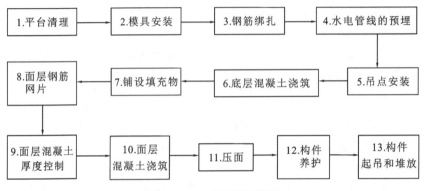

图 3-23　PC 构件制作流程

预制构件生产应在工厂或符合条件的现场进行,根据场地、构件的尺寸、实际需要等的不同情况,分别采取固定模台生产线预制构件制作流程或自动化流水线预制构件制作流程,并且生产设备应符合相关行业技术标准要求。

3.2.1　固定模台生产线预制构件制作流程

固定模台工艺的主要特点是模板固定不动,制作构件的所有操作均在模台上进行,材料、人员相对于模台流动,在一个位置上完成构件成型的各道工序。固定模台生产线(见图 3-24)是平面预制构件生产常用的一种方式,需要较先进的生产线设置,包括各种机械,如混凝土浇灌机、振捣器、抹面机等。这种工艺一般采用人工或机械振捣成型,封闭蒸汽养护。当构件脱模时,可借助专用机械使模台倾斜。

图 3-24　固定模台生产线

固定模台生产线自动化程度较低,需要很多工人,但是该工艺具有设备少、投资少、灵活方便等优点,适合制作侧面出筋的墙板、楼梯、阳台、飘窗等异型复杂构件。

以下以预制混凝土夹芯保温外墙板为例介绍固定模台生产线进行预制构件制作的流程,制作流程图如图 3-25 所示。

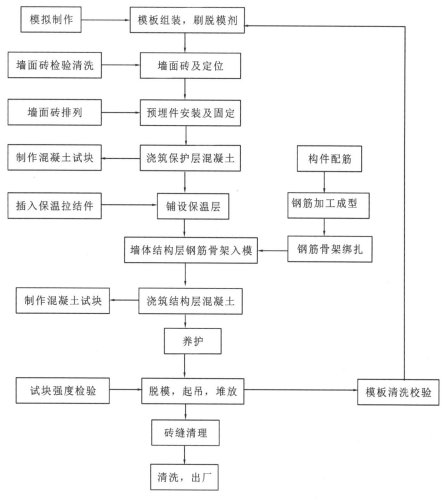

图 3-25　预制混凝土夹芯保温外墙板制作流程图

1. 模具组装

模具除应满足强度、刚度和整体稳固性要求外,尚应满足预制构件预留孔、插筋、预埋吊件及其他预埋件的安装定位要求,模具组装如图 3-26所示。

模具应安装牢固,尺寸准确,拼缝严密、不漏浆。模具组装就位时,首先要保证底模表面平整度,以保证构件表面平整度符合规定要求。模板与模板之间的连接螺栓必须齐全、拧紧,模具组装时应注意将销钉敲紧,控制侧模定位精度。模

图 3-26　模具组装

板接缝处用原子灰嵌塞抹平后再用细砂纸打磨。模具组装精度必须符合设计要求,设计无要求时,应符合表3-2的规定,并应验收合格后再投入使用。

表3-2 模具组装允许偏差

测定部位	允许偏差/mm	检验方法
边长	±2	钢直尺四边测量
板厚	±1	钢直尺测量,取两边平均值
扭曲	2	四角用两根细线交叉固定,钢直尺测中心点高度差值
翘曲	3	四角固定细线,钢直尺测细线到钢模边距离,取最大值
表面凹凸	2	靠尺和塞尺检查
弯曲	2	四角用两根细线交叉固定,钢直尺测细线到钢模边距离
对角线误差	2	细线测两根对角线尺寸,取差值
预埋件	±2	钢直尺检查

模具组装前应将钢模和预埋件定位部位等彻底清理干净,严禁使用锤子敲打。模具与混凝土接触的表面除饰面材料铺贴范围外,应均匀涂刷脱模剂。脱模剂可采用柴机油混合型,为避免污染墙面砖,模板表面刷一遍脱模剂后再用棉纱均匀擦拭两遍,形成均匀的薄层油膜,见亮不见油,注意尽量避开放置橡胶垫块处,该部位可先用胶布遮住。在选择脱模剂时尽量选择隔离效果较好、能确保构件在脱模起吊时不发生粘结损坏现象、能保持板面整洁、易于清理、不影响墙面粉刷质量的脱模剂。

2.饰面材料铺贴与涂装

在入模铺设面砖前,应先将单块面砖根据构件排砖图的要求分块制成面砖套件。套件应根据构件饰面砖的大小、图案、颜色取一个或若干个单元组成,每个套件的长度不宜大于600 mm,宽度不宜大于300 mm。

面砖套件应在定型的套件模具中制作。面砖套件的图案、排列方式、色泽和尺寸应符合设计要求。面砖铺贴时先在底模上弹出面砖缝中线,然后铺设面砖,为保证接缝间隙满足设计要求,应根据面砖深化图进行排列。面砖定位后,在砖缝内采用胶条粘贴,保证砖缝满足深化图及设计要求。面砖套件的薄膜粘贴不得有折皱,不应伸出面砖,端头应平齐。嵌缝条和薄膜粘贴后应采用专用工具沿接缝将嵌缝条压实。

在入模铺设石材前,应核对石材尺寸,并提前24 h在石材背面安装锚固拉钩和涂刷防泛碱处理剂。面砖套件、石材铺贴前应清理模具,并在模具上设置安装控制线,按控制线固定和校正铺贴位置。可采用双面胶布或硅胶按预制加工图分类编号铺贴。面砖装饰面层铺贴如图3-27所示。

图3-27 面砖装饰面层铺贴

石材和面砖等饰面材料与混凝土的连接应牢固。石材等饰面材料与混凝土之间拉结件的结构、数量、位置和防腐处理应符合设计要求。满粘法施工的石材和面砖等饰面材料与混凝土之间应无空鼓。

石材和面砖等饰面材料铺设后表面应平整，接缝应顺直，接缝的宽度和深度应符合设计要求。面砖、石材需要更换时，应采用专用修补材料，对嵌缝进行修整，使墙板嵌缝的外观质量一致。

外墙板面砖、石材粘贴的允许偏差和检验方法应符合表 3-3 的规定。

表 3-3　外墙板面砖、石材粘贴的允许偏差和检验方法

项　次	项　目	允许偏差/mm	检验方法
1	表面平整度	2	2 m 靠尺或塞尺检查
2	阳角方正	2	用托线板检查
3	上口平直	2	拉通线，钢尺检查
4	接缝平直	3	钢尺或塞尺检查
5	接缝深度	±5	
6	接缝宽度	±2	钢尺检查

涂料饰面的构件表面应平整、光滑，棱角、线槽应符合设计要求，直径大于 1 mm 的气孔应进行填充修补。

3. 保温材料铺设

带保温材料的预制构件宜采用平模工艺成型，生产时应先浇筑外叶混凝土层（见图 3-28），再安装保温材料和拉结件，最后浇筑内叶混凝土层成型。外叶混凝土层可采用平板振捣器适当振捣。

铺放加气混凝土保温块时，表面要平整，缝隙要均匀，严禁用碎块填塞。若在常温下铺放，铺前要浇水润湿；若低温铺放，铺后要喷水，冬季可干铺。若采用泡沫聚苯乙烯保温条，事先按设计尺寸裁剪。排放板缝部位的泡沫聚苯乙烯保温条时，入模固定位置要准确，拼缝要严密，操作要有专人负责。

采用立模工艺生产时应同步浇筑内、外叶混凝土层，且应采取可靠措施保证内、外叶混凝土厚度、保温材料及拉结件的位置准确。保温材料铺设过程如图 3-29 所示。

图 3-28　外叶混凝土层浇筑

图 3-29　保温材料铺设过程

4. 预埋件及预留孔洞设置

预埋钢结构件、连接用钢材、连接用机械式接头部件和预留孔洞模具的数量、规格、位置、安

47

装方式等应符合设计规定,固定措施应可靠。预埋件应固定在模板或支架上;预留孔洞应采用孔洞模具的方式并加以固定。预埋螺栓和铁件应采取固定措施保证其不偏移,对于套筒埋件应注意其定位。预埋件安装如图 3-30 所示。

图 3-30 预埋件安装

预埋件和预留孔洞安装允许偏差和检验方法应符合表 3-4 的规定。

表 3-4 预埋件和预留孔洞安装允许偏差和检验方法

检 验 项 目		允许偏差/mm	检 验 方 法
预埋钢板、建筑幕墙用槽式预埋组件	中心线位置	3	用尺测量纵、横两个方向的中心线位置,取其中较大值
	平面高差	±2	钢直尺和塞尺检查
预埋管、电线盒、电线管水平和垂直方向的中心线位置偏移、预留孔、浆锚搭接预留孔(或波纹管)		2	用尺测量纵、横两个方向的中心线位置,取其中较大值
插筋	中心线位置	3	用尺测量纵、横两个方向的中心线位置,取其中较大值
	外露长度	10,0	用尺测量
吊环	中心线位置	3	用尺测量纵、横两个方向的中心线位置,取其中较大值
	外露长度	0,−5	用尺测量
预埋螺栓	中心线位置	2	用尺测量纵、横两个方向的中心线位置,取其中较大值
	外露长度	5,0	用尺测量
预埋螺母	中心线位置	2	用尺测量纵、横两个方向的中心线位置,取其中较大值
	平面高差	±1	钢直尺和塞尺检查
预留洞	中心线位置	3	用尺测量纵、横两个方向的中心线位置,取其中较大值
	尺寸	3,0	用尺测量纵、横两个方向尺寸,取其中较大值

检 验 项 目		允许偏差/mm	检 验 方 法
灌浆套筒及连接钢筋	灌浆套筒中心线位置	1	用尺测量纵、横两个方向的中心线位置,取其中较大值
	连接钢筋中心线位置	1	用尺测量纵、横两个方向的中心线位置,取其中较大值
	连接钢筋外露长度	5,0	用尺测量

5. 门窗框设置

门窗框在构件制作、驳运、堆放、安装过程中,应进行包裹或遮挡。预制构件的门窗框应在浇筑混凝土前预先放置于模具中,位置应符合设计要求,并应在模具上设置限位框或限位件进行可靠固定。门窗框的品种、规格、尺寸、相关物理性能和开启方向、型材壁厚和连接方式等应符合设计要求。安装后的窗框如图 3-31 所示。

图 3-31　安装后的窗框

门窗框安装位置应逐件检验,允许偏差和检验方法应符合表 3-5 的规定。

表 3-5　门窗框安装允许偏差和检验方法

项　　　目		允许偏差/mm	检验方法
锚固脚片	中心线位置	5	钢尺检查
	外露长度	5,0	钢尺检查
门窗框位置		2	钢尺检查
门窗框高、宽		±2	钢尺检查
门窗框对角线		±2	钢尺检查
门窗框的平整度		2	靠尺检查

6. 混凝土浇筑

在混凝土预制构件浇筑成型前应进行隐蔽工程验收,符合有关标准规定和设计文件要求后方可浇筑混凝土。检查项目应包括下列内容:模具各部位尺寸、定位、拼缝等;饰面材料铺设品种、质量;纵向受力钢筋的品种、规格、数量、位置等;钢筋的连接方式、接头位置、接头数量、接头面积百分率等;箍筋、横向钢筋的品种、规格、数量、间距等;预埋件及门窗框的规格、数量、位置等;灌浆套筒、吊具、插筋及预留孔洞的规格、数量、位置等;钢筋的混凝土保护层厚度等。

混凝土放料高度应小于 500 mm,并应均匀铺设,混凝土构件成型宜采用插入式振捣棒振捣,逐排振捣密实,振捣器不应碰触钢筋骨架、面砖和预埋件。

混凝土浇筑应连续进行,同时应观察模具、门窗框、预埋件等的变形和移位,变形与移位超出规定的允许偏差时应及时采取补强和纠正措施。面层混凝土采用平板振捣器振捣,振捣后,随即用 1∶3 水泥砂浆找平,并用木尺(杆)刮平,待表面收水后再用木抹抹平压实。

配件、埋件、门框和窗框处混凝土应浇捣密实,其外露部分应有防污损措施。混凝土表面应及时用泥板抹平提浆,宜对混凝土表面进行二次抹面。预制构件与后浇混凝土的结合面或叠合面应按设计要求制成粗糙面,粗糙面可采用拉毛或凿毛处理方法,也可采用化学和其他(物理)处理方法。预制构件混凝土浇筑完毕后应及时养护。

7. 构件养护

预制构件的成型和养护宜在车间内进行,成型后蒸养可在生产位上或养护窑内进行。预制构件采用自然养护时,应符合现行国家标准《混凝土结构工程施工规范》(GB 50666—2011)、《混凝土结构工程施工质量验收规范》(GB 50204—2015)的规定。

预制构件采用蒸汽养护时,宜采用自动蒸汽养护装置,并保证蒸汽管道通畅,养护区应无积水。蒸汽养护制度应分静停、升温、恒温和降温四个阶段,并应符合下列规定:

混凝土全部浇捣完毕后静停时间不宜少于 2 h,升温速度不得大于 15 ℃/h,恒温时最高温度不宜超过 55 ℃,恒温时间不宜少于 3 h,降温速度不宜大于 10 ℃/h。

8. 构件脱模

预制构件停止蒸汽养护后,其表面与环境温度的差值不宜超过 20 ℃。应根据模具结构的特点按照拆模顺序拆除模具,严禁使用振动模具方式拆模。

预制构件脱模起吊,如图 3-32 所示,应符合下列规定:预制构件的起吊应在构件与模具间的连接部分完全拆除后进行;预制构件脱模时,同条件混凝土立方体抗压强度应根据设计要求或生产条件确定,且不应小于 15 MPa;预应力混凝土构件脱模时,同条件混凝土立方体抗压强度不宜小于混凝土强度等级设计值的 75%;预制构件吊点设置应满足平稳起吊的要求,宜设置 4～6 个吊点。

图 3-32 预制构件脱模起吊

预制构件脱模后应对预制构件进行整修。整修应符合下列规定:在构件生产区域旁应设置专门的混凝土构件整修区,对刚脱模的构件进行清理、质量检查和修补;对于各种类型的混凝土外观缺陷,构件生产单位应制订相应的修补方案,并配有相应的修补材料和工具;预制构件应在修补合格后再驳运至合格品堆放场地。

9. 构件标识

对构件应在其脱模起吊至整修堆场或平台时进行标识,标识的内容应包括工程名称、产品名称、型号、编号、生产日期。待构件检查、修补合格后再标注合格章及工厂名。例如,楼梯构件标识如图 3-33 所示。

图 3-33　楼梯构件标识

标识可标注于工厂和施工现场堆放、安装时容易辨识的位置,可由构件生产厂和施工单位协商确定。标识的颜色和文字大小、顺序应统一,宜采用喷涂或印章方式制作标识。

3.2.2　自动化流水线预制构件制作流程

自动化流水生产线如图 3-34 所示,是典型的流水生产组织形式,是劳动对象按既定工艺路线及生产节拍,依次通过各个工位,最终形成产品的一种组织方式。在生产线上,按工艺要求依次设置若干操作工位,模台在沿生产线行走过程中完成各道工序,然后将已成型的构件连同模台送进养护窑。这种工艺机械化程度高,生产效率也高,可持续循环作业,便于实现自动化生产、平模传送流水工艺的布局,可将养护窑建在和作业线平行的一侧,构成平面流水。该生产方式具有工艺过程封闭、各工序时间基本相等或为简单的倍比关系、生产节奏性强、过程连续性好等特征。

图 3-34　自动化流水生产线

自动化流水生产线适合生产叠合楼板、出筋少的墙板等构件,只有在构件标准化、规格化、单一化、专业化和数量大的情况下,才能不破坏生产线的平衡,避免在某工位长时间停滞,可实现流水线的自动化,提高生产效率。

以下主要以双面叠合墙板为例介绍自动化流水线预制构件制作流程。

1. 制作工艺流程

双面叠合墙板制作工艺流程图如图 3-35 所示。

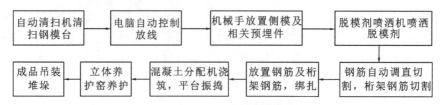

图 3-35 双面叠合墙板制作工艺流程图

2. 流水线介绍

叠合楼板、叠合墙板等板式构件一般采用平整度很好的大平台钢模自动化流水作业的方式来生产，如同其他工业产品生产流水线一样，工人在固定岗位执行固定工序，流水线式生产构件，人员数量需求少，主要靠机械设备的使用，效率大大提高。其主要流水作业环节为：

①自动清扫机清扫钢模台；

②电脑自动控制放线；

③钢平台上放置侧模及相关预埋件，如线盒、套管等；

④脱模剂喷洒机喷洒脱模剂；

⑤钢筋自动调直切割，桁架钢筋切割；

⑥人工操作放置钢筋及桁架钢筋，绑扎；

⑦混凝土分配机浇筑，平台振捣（若为叠合墙板，此处多一道翻转工艺）；

⑧立体养护窑养护；

⑨成品吊装堆垛。

3. 主要生产工序

用过的钢模台通过清洁机清扫，板面上的残留物被处理干净，同时由专人检查板面清洁。待清扫的钢模台如图 3-36 所示。

全自动绘图仪收到主控电脑的数据后在清洁的钢模台上自动绘出预制件的轮廓及预埋件的位置，如图 3-37 所示。

图 3-36 待清扫的钢模台

图 3-37 电脑自动控制放线

根据绘图仪所绘图线，机械手对应放置侧模、带有塑料垫块支撑的钢筋及所涉及的预埋件，即机械手开始支模，如图 3-38 所示。

支完模板的钢模台将运行到下一位置，脱模剂喷洒机会在钢模台的模板上均匀地喷洒一层脱模剂，如图 3-39 所示。

图 3-38　机械手支模

图 3-39　喷洒脱模剂

　　钢筋调直切割机根据计算机中的生产数据调直切割钢筋并按照设计的间距在钢模台上准确的位置摆放纵向受力钢筋、横向受力钢筋及桁架钢筋,如图 3-40 所示。

　　工人按照生产量清单输入搅拌混凝土的用量指令,混凝土搅拌设备从料场自动以传送带按混凝土等级要求和配备比提取定量的水泥、沙、石子及外加剂进行搅拌,并用斗车将搅拌好的混凝土输送到钢模上方的浇筑分配机,如图 3-41 所示。

图 3-40　钢筋调直、切割及摆放

图 3-41　混凝土浇筑分配机

　　浇筑斗由人工控制,按照用量进行浇筑。浇筑完毕后,启动钢模台下振捣器进行振捣密实,如图 3-42 所示。

图 3-42　混凝土浇筑后振捣

　　振捣密实的混凝土连同钢模台送入养护窑,如图 3-43 所示。蒸汽养护 8 h 后,可达到构件设计强度的75%。养护完毕的成品预制件被送至厂区堆场。自然养护一天后即可直接送到工地进行吊装。送至工地前预制构件需翻板脱模。预制构件翻板脱模如图3-44所示。

图3-43　混凝土养护

图3-44　翻板脱模

3.3 预制构件生产质量通病分析

装配式建筑通过前期的设计和策划,可以将二次结构、保温、门窗、外墙装饰等在预制装配设计时集合到预制构件中,大幅度减少现场施工和二次作业,解决了不少现浇建筑的质量问题。同时,因为行业发展速度快、熟练工人少、产业配套不成熟等因素,预制混凝土构件在生产过程中存在三类质量通病:

(1)结构质量通病:这类质量通病可能影响到结构安全,属于严重质量缺陷。

(2)尺寸偏差通病:这类质量问题不一定会造成结构缺陷,但可能影响建筑功能和施工效率。

(3)外观质量通病:这类质量通病对结构、建筑通常都没有很大影响,属于次要质量缺陷,但在外观要求较高的项目(如清水混凝土项目)中,这类问题就会成为主要问题。同时,由外观质量通病所隐含的构件内在质量问题也不容忽视。

3.3.1 结构质量通病

1.混凝土强度不足

1)问题描述

PC构件出池强度不足、运输强度不足或安装强度不足,也可能使最终结构强度不足。传统的预制构件,在带模板蒸汽养护的情况下,可以一次养护完成,同条件试件达到设计强度100%才出池,同时满足运输、安装和使用的要求,但目前很多构件厂PC构件出池强度偏低,后期养护措施又不到位,在运输、安装过程中容易缺棱掉角,甚至存在结构内在质量缺陷,有时还会产生安全问题,因为所有锚固件、预埋件均是基于混凝土设计标准值考虑的,而生产、运输、安装过程中混凝土强度不足可能导致锚固力不足,从而存在安全隐患。

2)原因分析

直接原因是混凝土养护时间短,措施不到位,缺乏混凝土强度过程监控措施。根本原因是技术管理人员对PC构件混凝土质量过程管理不熟悉、不重视、不严格。

3)预防措施

预防措施包括:针对PC构件使用的混凝土配合比,制作混凝土强度增长曲线供质量控制参考;制订技术方案时结合施工需要确定混凝土合理的出池、出厂、安装强度;针对日常生产的混凝土,每天做同条件养护试件若干组,并根据需要试压;做好混凝土出池后各阶段的养护;混凝土强度尚未达到设计值的 PC 构件,应有专项技术措施确保质量安全。

4)处理方法

对施工过程中发现的混凝土强度不足问题,应当加强养护混凝土,并用同条件试块、回弹等方法检测强度,满足要求方可继续施工;对最终强度达不到设计要求的,应当根据最终值提请设计方和监理方洽商,是否可以降低标准使用(让步接收),确实无法满足结构要求的,构件报废,结构返工重做。

2. 钢筋或结构预埋件尺寸偏差过大

1)问题描述

PC 构件钢筋或结构预埋件(灌浆套筒、预埋铁件、连接螺栓等)位置偏差过大,如预留钢筋长度偏差大(见图 3-45),轻则影响外观和构件安装,重则影响结构受力。

图 3-45 预留钢筋长度偏差大

2)原因分析

可能原因有:构件深化设计时未进行碰撞检查;钢筋半成品加工质量不合格;吊运、临时存放过程中没有做防变形支架;钢筋及预埋件未用工装定位牢固;混凝土浇筑过程中钢筋骨架变形,预埋件跑位;外露钢筋和预埋件在混凝土终凝前没有进行二次矫正;过程检验不严格,技术交底不到位。

3)预防措施

预防措施包括:深化设计阶段应用 BIM 技术进行构件钢筋之间、钢筋与预埋件及预留孔洞之间的碰撞检查;采用高精度机械进行钢筋半成品加工;结合安装工艺,考虑预留钢筋与现浇段的钢筋的位置关系;钢筋绑扎或焊接牢固,固定钢筋骨架和预埋件的措施可靠有效;浇筑混凝土之后专门安排工人对预埋件和钢筋进行复位;严格执行检验程序。

4)处理方法

对施工过程中发现的钢筋和预埋件偏位问题,应当及时整改,没有达到标准要求不能进入下一道工序;对已经形成的钢筋和预埋件偏位,能够复位的尽量复位,不能复位的要测量数据,提请设计方和监理方洽商,是否可以降低标准使用(让步接收),确实无法满足结构要求的,构件报废,结构返工重做。

3. 钢筋保护层厚度不合格

1)问题描述

构件钢筋的保护层厚度偏差大(过小或过大),如图 3-46 所示。这种缺陷从外观可能看不出

来,但通过仪器可以检测出,会影响构件的耐久性或结构性能。

图 3-46　钢筋保护层厚度不足

2)原因分析

可能原因有:钢筋骨架合格但构件尺寸存在偏差;钢筋半成品或骨架成型质量差;模板尺寸不符合要求;保护层厚度垫块不合格(尺寸不对或者偏软);混凝土浇筑过程中,钢筋骨架被踩踏;技术交底不到位;质量检验不到位。

3)预防措施

预防措施包括:应用 BIM 技术进行构件钢筋保护层厚度模拟,对不同保护层厚度进行协调,便于控制;采用符合要求的保护层厚度垫块;加强钢筋半成品、成品保护;混凝土浇筑过程中采取措施,严禁砸、压、踩踏和直接顶撬钢筋;双层钢筋之间设置足够多的防塌陷支架;加强质量检验。

4)处理方法

钢筋保护层厚度不合格,如果是由钢筋偏位导致的,经设计方、监理方会商同意可使用,但要有特殊保障措施,否则报废;如果是由于构件本身尺寸偏差过大,则要具体分析是否可用。钢筋保护层厚度看似小问题,但一旦发生很难处理,而且往往是大面积系统性的,应当引起重视。

4. 裂缝

1)问题描述

裂缝(见图 3-47)从混凝土表面延伸至混凝土内部,按照深度不同可分为表面裂缝、深层裂缝、贯穿裂缝等。贯穿裂缝或深层的结构裂缝,对构件的强度、耐久性、防水等会造成不良影响,对钢筋的保护尤其不利。

图 3-47　预制构件的裂缝

2)原因分析

混凝土开裂的成因很复杂,但最根本的原因就是混凝土抗拉强度不足以抵抗拉应力。混凝土的抗拉强度较低,一般只有几兆帕,而产生拉应力的原因很多,常见的有干燥收缩、化学收缩、降温收缩、局部受拉等。直接原因可能是养护期表面失水、升温降温太快、吊点位置不对、支垫位置不对、施工措施不当导致构件局部受力过大,等等。混凝土在整个水化、硬化过程中强度持续增长,当混凝土强度增长不足以抵抗所受拉应力时,出现裂缝。拉应力持续存在,则裂缝持续展开。压应力也可能产生裂缝,但这种裂缝伴随的是混凝土整体破坏,一般很少见。

3)预防措施

预防措施包括:合理设计构件结构,尤其是针对施工荷载设计构造配筋;优化混凝土配合比,控制混凝土自身收缩;采取措施,做好混凝土强度增长关键期(水泥水化反应前期)的养护工作;制订详细的构件吊装、码放、倒运、安装方案并严格执行;对于清水混凝土构件,应及时涂刷养护剂和保护剂。

4)处理方法

裂缝处理的基本原则是:分析清楚形成的原因,如果是长期存在的应力造成的裂缝,要想办法消除应力或者将应力控制在可承受范围内;如果是短暂应力造成的裂缝,应力已经消除,则主要处理已形成的缝。表面裂缝(宽度小于 0.2 mm,长度小于 30 mm,深度小于 10 mm),一般不影响结构,主要措施是将裂缝封闭,以免水汽进入构件,引起钢筋锈蚀;对于较宽、较深甚至是贯通的裂缝,要采取灌注环氧树脂的方法将内部裂缝填实,再进行表面封闭。超过规范规定尺度的裂缝,应制订专项技术方案报设计方和监理方审批后执行。已经破坏严重的构件,则无修补必要。

5. 灌浆孔堵塞

1)问题描述

采用灌浆套筒进行钢筋连接时,会出现灌浆孔(管道)被堵塞的情形,如图 3-48 所示,严重影响套筒灌浆质量,应当引起重视。

图 3-48　灌浆孔堵塞

2)原因分析

可能原因有:封堵套筒端部的胶塞过大;灌浆管在混凝土浇筑过程中被破坏或折弯;灌浆管定位工装移位;水泥浆渗漏进入套筒;采用座浆法安装墙板时座浆料太多,挤入套筒或灌浆管;灌浆管保护措施不到位,有异物掉入。

3)预防措施

预防措施包括:优化套筒结构,保证施工质量;做好灌浆管固定和保护,工装安全可靠;混凝土浇筑时避免碰到灌浆管及其定位工装;严格执行检验制度,在灌浆管安装、混凝土浇筑、成品验收时都要检验灌浆管的畅通性。

4)处理方法

对堵塞的灌浆管,要剔除周边混凝土,直到具备灌浆条件。待套筒灌浆完成后采用修补缺棱掉角的方法修补。对剔凿后仍然不能确保灌浆质量的构件,制订补强方案提请设计方和监理方审核处理。

3.3.2 尺寸偏差通病

1.构件尺寸偏差、平整度不合格

1)问题描述

PC 构件外形尺寸、表面平整度、轴线位置超过规范允许偏差范围,如图 3-49 所示。

(a) 外形尺寸偏差　　　　　(b) 表面平整度超过允许偏差范围

图 3-49　构件尺寸偏差、平整度不合格

2)原因分析

可能原因有:模板定位尺寸不准,没有按施工图纸进行施工放线或误差较大;模板的强度和刚度不足,定位措施不可靠,混凝土浇筑过程中移位;模板使用时间过长,出现了不可修复的变形;构件体积太大,混凝土流动性太大,导致浇筑过程中模具跑位;构件生产出来后码放、运输不当,导致塑性变形。

3)预防措施

预防措施包括:优化模板设计方案,确保模板构造合理,刚度足够完成任务;施工前认真熟悉设计图纸,首次生产的产品要对照图纸进行测量,确保模具合格、构件尺寸正确;保证模板支撑机构具有足够的承载力、刚度和稳定性,确保模具在浇筑混凝土及养护的过程中不变形、不失稳、不跑模;振捣工艺合理,模板不受振捣影响而变形;控制混凝土坍落度,使之不要太大;在浇筑混凝土的过程中,及时发现松动、变形的情形,并及时补救;做好二次抹面压光;制订合理码放、运输技术方案并严格执行;严格执行"三检"制度。

4)处理方法

预制构件不应有影响结构性能和使用功能的尺寸偏差;对超过尺寸允许偏差要求且影响结构性能、设备安装、使用功能的结构部位,可以采取打磨、切割等方式处理。尺寸偏差严重的,应由施工单位提出技术处理方案,并经设计单位及监理(建设)单位认可后进行处理。对处理后的部位,应重新验收。

2.预埋件尺寸偏差

1)问题描述

复合在 PC 构件中的各种线盒、管道、吊点、预留孔洞等中心点位移、轴线位置超过规范允许

58

偏差范围,这类问题非常普遍,虽然对结构安全没有影响,但严重影响外观和后期装饰装修工程施工。

2)原因分析

可能原因有:设计不够细致,存在尺寸冲突;定位措施不可靠,容易移位;工人施工不够细致,没有固定好;混凝土浇筑过程中被振捣棒碰撞;抹面时没有认真采取纠正措施。

3)预防措施

预防措施包括:深化设计阶段采用 BIM 进行预埋件放样和碰撞检查;采用磁盒、夹具等固定预埋件,必要时采用螺丝拧紧;加强过程检验,切实落实"三检"制度;浇筑混凝土过程中避免振捣棒直接碰触钢筋、模板、预埋件等;在完成混凝土浇筑后,认真检查每个预埋件的位置,及时发现问题,进行纠正。

4)处理方法

混凝土预埋件、预留孔洞不应有影响结构性能和装饰装修的尺寸偏差。对超过尺寸允许偏差范围且影响结构性能、装饰装修的预埋件,需要采取补救措施,如多余部分切割、不足部分填补、偏位严重的挖掉重植等。有的缺陷严重,应由施工单位提出技术处理方案,并经设计单位及监理(建设)单位认可后进行处理。对处理后的部位,应重新验收。

3. 缺棱掉角

1)问题描述

构件边角破损,影响到尺寸测量和建筑功能,如图 3-50 所示。

图 3-50　缺棱掉角

2)原因分析

可能原因有:设计配筋不合理,边角钢筋的保护层厚度过大;施工(出池、运输、安装)过程混凝土强度偏低,易破损;构件或模具设计不合理,边角尺寸太小或易损;拆模操作过猛,边角受外力或重物撞击;脱模剂没有涂刷均匀,导致拆模时边角粘连被拉裂;出池、倒运、码放、吊装过程中,因操作不当引起构件边角等位置磕碰。

3)预防措施

预防措施包括:优化构件和模具设计,在阴角、阳角处尽可能做倒角或圆角,必要时增加抗裂构造配筋;控制拆模、码放、运输、吊装强度,移除模具的构件,混凝土绝对强度不应小于 20 MPa;拆模时应注意保护棱角,避免用力过猛;脱模后的构件在吊装和安放过程中,应做好保护工作;加强质量管理,有奖有罚。

4)处理方法

对崩边、崩角尺寸较大(超过 20 mm)位置,首先进行破损面清理,去除浮渣,然后用结构胶涂刷结合面,使用加专用修补剂的水泥基无收缩高强砂浆进行修补(修补面较大应加构造配筋或抗裂纤维),修补完成后保湿养护不少于 48 h,最后做必要的表面修饰。超过规范允许范围要报方案经设计方、监理方同意,不能满足规范要求的报废处理。

4. 孔洞、蜂窝、麻面

1)问题描述

孔洞(见图 3-51)是指混凝土中孔穴深度和长度均超过保护层厚度;蜂窝(见图 3-52)是指混凝土表面缺少水泥砂浆而形成石子外露;麻面(见图 3-53)是指构件表面呈现许多小凹点而无钢筋暴露的现象。

图 3-51　孔洞

图 3-52　蜂窝

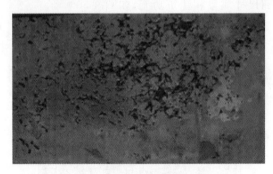

图 3-53　麻面

2)原因分析

可能原因有:混凝土欠振,不密实;隔离剂涂刷不均匀,粘模;钢筋或预埋件过密,混凝土无法正常通过;边角漏浆;混凝土和易性差,泌水或分离;混凝土拆模过早,粘模;混凝土骨料粒径与构件配筋不符,不易通过间隙。

3)预防措施

预防措施包括:深化设计阶段认真研究钢筋、预埋件情况,为混凝土浇筑创造条件;模板每次使用前应进行表面清理,保持表面清洁光滑;采用适合的脱模剂;做好边角密封(不漏水);采用最大粒径符合规范要求的混凝土;按规定或方案要求合理布料,分层振捣,防治漏振;对局部配筋或工装过密处,应事先制订处理措施,保证混凝土能够顺利通过;严格控制混凝土脱模强度(一般不低于 15 MPa)。

4)处理方法

对于表面蜂窝、麻面,刷洗干净后,用掺细砂的水泥砂浆将露筋部位抹压平整,并认真养护。对于较深的孔洞,将表面混凝土清除后,应观察内部结构,如果发现孔洞内部空间较大或者构件两面同时出现孔洞,应引起重视。如果缺陷部位在构件受压的核心区,应进行无损检测,确保混凝土抗压强度合格方能使用。必要时进行钻芯取样检查,检查后认为密实性不影响结构的,也要进行注浆处理,检查后不能确定缺陷程度或者不密实范围超过规范要求的,构件应该报废处理。内部填充密实后,表面用修补麻面的办法修补。

3.3.3 外观质量通病

1. 色差

1)问题描述

混凝土为一种多组分复合材料,表面颜色常常不均匀,如图 3-54 所示,有时形成非常明显的反差。

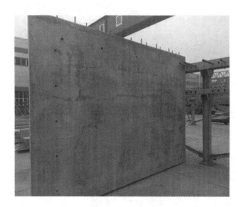

图 3-54　混凝土构件表面有色差

2)原因分析

形成色差的原因很多,总体来说有几方面:不同配合比颜色不一致;原材料变化导致混凝土颜色变化;养护条件、湿度条件、混凝土密实性不同导致混凝土颜色差异;脱模剂、模板材质不同导致混凝土颜色差异。

3)预防措施

预防措施包括:保持混凝土原材料和配合比不变;及时清理模板,均匀涂刷脱模剂;加强混凝土早期养护,做到保温保湿;控制混凝土坍落度和振捣时间,确保混凝土振捣均匀(不欠振,不过振);表面抹面工艺稳定。

4)处理方法

养护过程形成的色差,可以不用处理,随着时间推移,表面水化充分之后色差会自然减弱。对于配合比、振捣密实性、模板材质变化引起的色差,如果是清水混凝土其实也不用处理,只是涂刷表面保护剂。实在影响观感的色差,可以用带胶质的色浆进行调整,调整色差的材料不应影响后期装修。

2. 砂线、砂斑、起皮

1)问题描述

混凝土表面出现条状起砂的细线即为砂线(见图 3-55),若为斑块即为砂斑(见图 3-56),有的地方起皮(见图 3-57),皮掉了之后形成砂毛面。

图 3-55 砂线

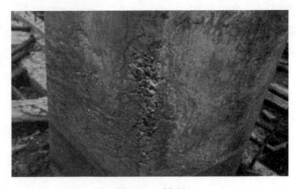

图 3-56 砂斑

图 3-57 起皮

2)原因分析

直接原因是混凝土和易性不好,泌水严重。深层次的原因是骨料级配不好、砂率偏低、外加剂保水性差、混凝土过振等。起皮的一个重要原因是混凝土二次抹面不到位,没有把泌水形成的浮浆压到结构层里;同时也可能是蒸汽养护升温速度太快。

3)预防措施

预防措施包括:选用普通硅酸盐水泥;通过配合比确定外加剂的适宜掺量;调整砂率和掺合料比例,增强混凝土黏聚性;采用连续级配和二区中砂;严格控制粗骨料中的含泥量、泥块含量、石粉含量、针片状颗粒含量;通过试验确定合理的振捣工艺(振捣方式、振捣时间);采用吸水型模具(如木模)。起皮的构件,应当加强二次抹面质量控制,同时严格制定及实施构件养护制度。

4)处理方法

对缺陷部位进行清理后,用含结构胶的细砂水泥浆进行修补,待水泥浆体硬化后,用细砂纸将整个构件表面均匀地打磨光洁,如果有色差,应调整砂浆配合比。

3. 污迹

1)问题描述

由于混凝土表面为多孔状,混凝土构件极容易被油污、锈迹、粉尘等污染,形成各种污迹,难以清洗。

2)原因分析

可能原因有:模具初次使用或放置长时间不用时清理不干净,有易掉落的氧化铁红、铁黑;脱模剂选择不当,涂刷太厚或干燥太慢,沾染灰尘过多;模具使用过程中清理不干净,粘有太多浮渣;构件成品保护不到位,外来脏东西污染表面。

3)预防措施

预防措施包括:初次使用模具时清理干净模具,使用过程中每次检查;优选脱模剂,宜选用清油、蜡质或者水性钢模板专用脱模机,不能用废机油、色拉油等;制定严格的成品保护措施制度,严禁踩踏、污水泼洒等。

4)处理方法

构件表面的污迹要根据成因进行清洗:酸性物质宜采用碱性洗涤剂;碱性(铁锈)物质宜采用酸性(草酸)洗涤剂;有机类污物(如油污)宜采用有机洗涤剂(洗衣粉)。用毛刷轻刷就可以清洗干净。用钢丝刷容易形成新的色差。

4.气孔

1)问题描述

混凝土表面可能会分布 0.5~5 mm 的气孔(见图 3-58),有的地方还特别密集,影响观感。

图 3-58 气孔

2)原因分析

可能原因有:配合比不当,混凝土内部黏滞力大,气泡不能溢出;外加剂与水泥和掺合料不匹配,引气多;脱模剂选择不当,黏滞气泡多;脱模剂涂刷太多且不均匀,对模板表面气泡形成黏滞作用;混凝土坍落度过小,气泡没有浆体浮力助推;振捣时间不够,气泡没有被振出;混凝土表面粘模(拆模太早或脱模剂没有发挥作用),被粘下一层皮,形成气孔。

3)预防措施

预防措施包括:优选外加剂、脱模剂、模板;根据需要做好配合比试验;试验确定合理的振捣工艺(振捣方式、时间等);严格清理模板和涂刷脱模剂;严格控制拆模时混凝土的强度(一般不小于 15 MPa)。

4)处理方法

对表面局部出现的气孔,采用相同品种、相同强度等级的水泥拌制成水泥浆体,修复缺陷部位,待水泥浆体硬化后,用细砂纸将整个构件表面均匀地打磨光洁,并用水冲洗洁净,确保表面无色差。

3.4 预制构件的存放、运输与现场堆放 ·····················

3.4.1 预制构件的存放

1. 预制构件存放要求

存放场地应平整、坚实,并具有排水措施,堆放构件时应使构件与地面之间留有一定空隙。根据构件的刚度及受力情况,确定构件平放或立放。板类构件一般宜采用叠合平放。对宽度等于及小于 500 mm 的板,宜采用通长垫木;宽度大于 500 mm 的板,可采用不通长的垫木。垫木应上下对齐,在一条垂直线上;大型桩类构件宜平放。薄腹梁、屋架、桁架等宜立放。构件的断面高宽比大于 2.5,下部应加支撑或有坚固的堆放架,上部应拉牢固定,以免倾倒。墙板类构件宜立放。立放又可分为插放和靠放两种方式。插放时场地必须清理干净,插放架必须牢固,挂钩工应扶稳构件,垂直落地;靠放时应有牢固的靠放架,必须对称靠放和吊运,其倾斜角度应保持大于80°,板的上部应用垫块隔开。

构件的最多堆放层数应按构件强度、地面耐压力、构件形状和重量等因素确定。预制叠合板、楼梯、内外墙板、梁的存放如图 3-59 至图 3-62 所示。

图 3-59 预制叠合板的存放

图 3-60 预制楼梯的存放

图 3-61 预制墙板的存放

图 3-62 预制梁的存放

2. 预制构件存放的注意事项

存放前应先对构件进行清理。构件清理标准为:套筒、埋件内无残余混凝土,粗糙面分明,光面上无污渍,挤塑板表面清洁等。套筒内如有残余混凝土,应及时清理。埋件内如有混凝土残留现象,应用与埋件型号匹配的丝锥进行清理,操作丝锥时需要注意,不能一直向里拧,要遵循"进两圈回一圈"的原则,避免丝锥折断在埋件内,造成不必要的麻烦。外露钢筋上如有残余混凝土,需进行清理。检查是否有附件漏卸现象,如有漏卸,及时拆卸后送至相应班组。

将清理完的构件装到摆渡车上,起吊时避免构件磕碰,保证构件质量。摆渡车由专门的转运工人进行操作,操作时应注意摆渡车轨道内严禁站人,严禁人车分离操作,人与车的距离保持在2~3 m,将构件运至堆放场地,然后指挥吊车将不同型号的构件分开码放。

预制构件应按吊装、存放的受力特征选择卡具、索具、托架等吊装和固定维稳措施。对于清水混凝土构件,要做好成品保护,可采用包裹、盖、遮等有效措施。预制构件存放处2 m范围内不应进行电焊、气焊作业。

3.4.2 预制构件的运输

1. 预制构件的运输准备

预制混凝土构件如果在存储、运输、吊装等环节被损坏将会很难补修,既耽误工期又造成经济损失,因此,大型预制混凝土构件的存储工具与物流组织非常重要。构件运输的准备工作主要包括制订运输方案、设计并制作运输架、验算构件强度、清查构件及察看运输路线。

1)制订运输方案

制订运输方案环节需要根据运输构件实际情况,装卸车现场及运输道路的情况,施工单位或当地的起重机和运输车辆的供应条件以及经济效益等因素综合考虑,最终选定运输方法、选择起重机械(装卸构件用)、运输车辆和运输路线。应按照客户指定的地点及货物的规格和重量制订特定的路线方案,确保运输条件与实际情况相符。

2)设计并制作运输架

根据构件的重量和外形尺寸对运输架进行设计制作,且尽量考虑运输架的通用性。

3)验算构件强度

对钢筋混凝土屋架和钢筋混凝土柱子等构件,根据运输方案所确定的条件,验算构件在最不利截面处的抗裂度,避免在运输中出现裂缝。如有出现裂缝的可能,应进行加固处理。预制构件要待混凝土强度达到100%进行起吊、运输,如预应力构件无设计要求,出厂时的混凝土强度不应低于混凝土立方体抗压强度设计值的75%。

4)清查构件

清查构件是指清查构件的型号、质量和数量,有无加盖合格印和出厂合格证书等。

5)察看运输路线

在运输前再次对路线进行勘察,对于沿途可能经过的桥梁、桥洞、电缆、车道的承载能力、通行高度、宽度、弯度和坡度,沿途上空有无障碍物等进行实地考察并记载,制订出最佳且顺畅的路线。需要现场考察,如果仅凭经验和询问很有可能发生许多意料之外的事情,有时甚至需要交通部门的配合等,因此这点不容忽视。在制订方案时,每处需要注意的地方需要注明。如不能满足车辆顺利通行,应及时采取措施。此外,应注意沿途是否横穿铁道,如有,应查清火车通过道口的时间,以免发生交通事故。

2. 主要运输方式

在低底盘平板车上安装专用运输架,墙板对称靠放或者插放在运输架上。

对于内、外墙板和PCF板等竖向构件多采用立式运输方案,竖向墙板宜采用插放架,运输竖

向薄壁构件、复合保温构件时应根据需要设置支架,例如墙体运输,如图 3-63 所示,对构件边角部位或与紧固装置接触处的混凝土宜采用衬垫加以保护,运输时应采取绑扎固定措施。靠放运输墙板构件时,靠架应具有足够的承载力和刚度,与地面倾角宜大于 80°;墙板宜对称靠放且外饰面朝外,构件上部宜采用木垫块隔离。当采用插放架运输墙板构件时,宜采取直立运输方式,插件应具有足够的承载力和刚度,并应支垫稳固。当采取叠层平放的方式运输构件时,应采取防止构件产生裂缝的措施。

图 3-63　墙体运输

叠层平放运输方式:将预制构件平放在运输车上,其他件往上叠放在一起进行运输。叠合板、阳台板、楼梯、装饰板等水平构件多采用叠层平放运输方式。运输叠合楼板时可采用的标准为 6 层/叠,不影响质量安全可为 8 层/叠,堆码时按产品的尺寸大小堆放。其他标准为:预应力板,堆码 8～10 层/叠;叠合梁,2～3 层/叠(最上层的高度不能超过挡边层),且应考虑是否有加强筋向梁下端弯曲。

除此之外,对于一些小型构件和异型构件,多采用散装方式进行运输。

构件运输宜选用低底盘平板车;成品运输时不能急刹车,运输轨道应在水平方向无障碍物,运输车速平稳缓慢,不能使成品处于颠簸状态,一旦损坏必须返修。运输车速一般不应超过 60 km/h,转弯时应低于 40 km/h。大型预制构件采用平板拖车运输,时速宜控制在 5 km/h 以内。

简支梁的运输,除在横向加斜撑防倾覆外,平板车上的搁置点必须设有转盘;运输超高、超宽、超长构件时,必须向有关部门申报,经批准后,在指定路线上行驶。牵引车上应悬挂安全标志。超高的部件应有专人照看,并配备适当工具,保证在有障碍物情况下安全通过。

采用平板拖车运输构件时,除一名驾驶员主驾外,还应指派一名助手协助,及时反映安全情况和处理安全事宜。平板拖车上不得坐人;重车下坡应缓慢行驶,并应避免紧急刹车。驶至转弯或险要地段时,应降低车速,同时注意两侧行人和障碍物;在雨、雪、雾天通过陡坡时,必须提前采取有效措施;装、卸车应选择平坦、坚实的路面为装卸地点。装、卸车时,平板车应刹闸。

3. 主要存储方式

目前,国内的预制混凝土构件的主要储存方式有车间内专用储存架或平层叠放,以及室外专用储存架、平层叠放或散放。

4. 控制合理运输半径

合理运距的测算主要以运输费用占构件销售单价比例为考核参数。通过运输成本和预制构件合理销售价格分析,可以较准确地测算出运输成本占比与运输距离的关系,根据国内平均或者世界上发达国家占比情况反推合理运距。

合理运输半径测算:从预制构件生产企业布局的角度,合理运输距离还与运输路线相关,而运输路线往往不是直线,运输距离并不能直观地反映布局情况,故有关学者提出了合理运输半径的概念。从预制构件厂到预制构件使用工地的距离并不是直线距离,况且运输构件的车辆为大型车辆,因交通限行、超宽、超高等原因经常需要绕行,所以实际运输线路更长。

根据预制构件运输经验,实际运输距离平均比直线距离长 20% 左右,因此将构件合理运输半径确定为合理运输距离的 80% 较为合理。因此,可以运费占销售额 8% 来估算合理运输半径,约为 100 km。合理运输半径为 100 km 意味着,以项目建设地点为中心,以 100 km 为半径的区域内的生产企业,其运输距离基本可以控制在 120 km 以内,从经济性和节能环保的角度看,处于合理范围。

总体来说,如今国内的预制构件运输与物流的实际情况还有很多需要提升的地方。目前,虽然有个别企业在积极研发预制构件的运输设备,但总体来看还处于发展初期,标准化程度低,存储和运输方式是较为落后的。受道路、运输政策及市场环境的现状的影响,运输效率高的构件专用运输车还比较缺乏。

3.4.3 预制构件的现场堆放

1. 构件堆场基本要求

预制构件堆放应符合下列规定:

(1)堆场地应为吊车工作范围内的平坦场地。

(2)构件的临时堆场应尽可能地设置在吊机的辐射半径内,减少现场的二次搬运。

(3)堆放场地应平整、坚实并应有排水措施。

(4)预埋吊件应朝上,标识应朝向堆垛间的通道。

(5)构件支垫应坚实,垫块在构件下的位置宜与脱膜、吊装时的起吊位置一致。

(6)重叠堆放构件时,每层构件的垫块应上下对齐,堆垛层数应根据构件、垫块的承载力确定,并应根据需要采取防止堆垛倾覆的措施。

(7)堆放预应力构件时,应根据构件起拱值的大小和堆放时间采取相应措施。

2. 进场验收

构件进场后,检查人员应检查预制构件数量及质量证明文件和出厂标志(标志内容包括构件编号、制作日期、合格状态、重量、生产单位等),就构件外观、编号、尺寸偏差、预埋件、吊环、吊点、预留洞的尺寸偏差等信息进行检查。经检查后对一般缺陷进行修补,严重缺陷不得使用。

对于预制楼梯,应复检编号、生产日期等信息,测量楼梯段的宽度和预埋焊接钢板距边缘的距离,验收楼梯的厚度、台阶宽度、踏步高度、踏步宽度、栏杆预埋件的位置等,如图 3-64 所示。

对于预制阳台板,应测量地漏距边的距离,测量锚固钢筋的长度和空调板的厚度。

对于预制叠合楼板应采集叠合楼板的编号、生产日期等信息,测量叠合板的长度、主筋的间距及数量,测量叠合板桁架钢筋距离叠合板板面的高度(设计此距离是为了使预埋管从钢筋桁架下穿过),测量预埋套筒的位置,测量预埋灯盒的距离。

3. 构件堆放要求

预制构件进场后应按型号、构件所在部位、施工吊装顺序分别设置堆垛。构件的堆放应满足现场平面布置的要求,满足吊装的要求,满足构件强度的要求。

图 3-64　预制楼梯构件进场复检

各类构件应分别满足以下要求：

（1）预制实心墙板入场堆放要求：预埋吊件应朝上，标识宜朝向堆垛间的通道；构件支撑应坚实，垫块在构件下的位置与脱模、吊装时的起吊位置一致。

（2）预制柱、梁入场堆放要求：按照符合就近吊装原则的位置堆放，水平放置并用垫木支撑。

（3）叠合板入场堆放要求：预埋吊件应朝上，标识宜朝向堆垛间的通道；构件支撑应坚实，垫块在构件下的位置与脱模、吊装时的起吊位置一致；重叠堆放构件时，每层构件间的垫块应上下对齐，堆垛层数应根据构件、垫块的承载力确定，最多不超过 5 层。叠合板堆放示意如图 3-65 所示。

图 3-65　叠合板堆放示意

采用靠放架堆放墙板构件时，靠放架应具有足够的承载力和刚度，与地面的倾角宜大于 80°；墙板宜对称靠放且外饰面朝外，构件上部宜采用木垫块隔离。采用插放架堆放墙板构件时，插件应具有足够的承载力和刚度，并应支垫稳固。采取叠层平放的方式堆放墙板构件时，应采取防止构件产生裂缝的措施。采用支架对称堆放外墙板时，支架倾斜角度保持在 5°～10°。

3.5　预制构件的生产管理

3.5.1　生产质量管理

构件厂生产预制构件与传统现浇施工完成相比，具有作业条件好、不受季节和天气影响、作业人员相对稳定、机械化作业降低工人劳动强度等优势，因此构件质量更容易保证。传统现浇施工完成的构件尺寸误差为 5～20 mm,预制的构件误差可以控制在 1～5 mm,并且表面观感质量较好,能够节省大量的抹灰找平材料,减少原材料的浪费和工序。预制构件作为工厂生产的一种半成品,质量要求非常高,没有返工的机会,一旦发生质量问题,可能比传统现浇造成的经济损失更大。可以说,预制构件生产是“看起来容易,要做好很难”的一个行业,由传统建筑业现浇方式转型为预制构件生产,在技术、质量、管理等方面需要应对诸多挑战。如果技术先进、管理到位,则生产出的预制构件质量好、价格低;而技术落后、管理松散,生产出的预制构件质量差、价格高,也存在个别预制构件的质量低于现浇方式生产出的构件质量的现象。

影响预制构件质量的因素很多,总体上来说,要想预制构件质量过硬,首先要端正思想、转变观念,坚决摒弃“低价中标、以包代管”的传统思路,建立起“优质优价、奖优罚劣”的制度和精细化管理的工程总承包模式;其次应该尊重科学和市场规律,彻底改变传统建筑业中落后的管理方式方法,对内、对外都建立起“诚信为本、质量为根”的理念。

1. 人员素质对预制构件质量的影响

在大力推进装配式建筑的过程中,管理人员、技术人员和产业工人的缺乏是影响非常大的制约因素,甚至成为装配式建筑推进过程中的瓶颈问题。这不但会影响预制构件的质量,还会对生产效率、构件成本等方面产生较大的影响。

预制构件生产厂需要有大额的固定资产投资,为了满足生产要求,需要大量的场地、厂房和工艺设备投入,硬件条件要求远高于传统现浇施工方式,同时还要拥有相对稳定的熟练产业工人队伍,各工序和操作环节相互配合才能达成默契,减少各种错漏碰缺的发生,以保证生产的连续性和质量稳定性,只有经过人才和技术的沉淀,才能不断提升预制构件质量和经济效益。

产品质量是技术不断积累的结果,质量一流的预制构件厂,一定拥有一流的技术和管理人才,从系统性角度进行分析,为了保证预制构件的质量稳定,首先要保证人才队伍的相对稳定。

2. 生产装备和材料对预制构件质量的影响

预制构件作为组成装配式建筑的主要半成品,质量和精度要求远高于传统现浇施工,高精度的构件质量需要优良的模具和设备来保证,同时需要保证原材料和各种特殊配件的质量优良,这是保证构件质量的基本条件。离开这些基本条件,再有经验的技术和管理人员以及一线工人,也难以生产出优质的构件,甚至出现产品达不到质量标准的情况。从目前多数预制构件厂的建设过程来看,无论是设备、模具还是材料的采购,低价中标仍是主要的中标条件,供应商压价竞争也还是普遍现象,在这种情况下,难以买到好的材料和产品,也很难做出高品质的预制构件。

模具的好坏影响着构件质量。判断预制构件模具好坏的标准包括精度、刚度、重量大小,是否方便拆装,以及售后服务好坏。但在实际采购过程中,往往考虑成本因素,采用最低价中标,用最差、最笨重的模具与设计合理、质量优良的模具进行价格比较,最终选用廉价的模具,造成生产效率低、构件质量差等系列问题,同时,还存在拖欠供应商的货款导致服务跟不上等问题。

“原材料质量决定构件质量”的道理很浅显,原材料不合格肯定会造成产品质量缺陷,但在原材料采购环节,一些企业缺乏经验,简单地进行价格比较,不能有效把控质量。一些承重和受力的配件如果存在质量缺陷,将有可能导致在起吊运输环节产生安全问题,或者砂石原材料质量差,出问题后代价会很大,这些问题的出现并不是签订一个条款严格的合同,把责任简单地转嫁给供应商就可以解决的,问题的源头就是采购方追求低价,是“以包代管”思想作祟。

3. 技术和管理对预制构件质量的影响

与传统现浇施工相比,在预制构件的生产过程中,需要掌握新技术、新材料、新产品、新工艺,

进行生产工艺研究,并对工人进行必要的培训,还需协调外部力量参与生产质量管理,可以聘请外部专家和邀请供应商技术人员讲解相关知识,提高技术认识。

预制构件作为装配式建筑的半成品,且存在无法修复的质量缺陷,基本上没有返工的机会,构件的质量好坏对于后续的安装施工影响很大,构件质量不合格会产生连锁反应,因此生产管理也显得尤为重要。

生产管理方面可采取以下措施:

(1)应建立起质量管理制度,如 ISO 9000 系列的认证、企业的质量管理标准等,并严格落实监督执行。在具体操作过程中,针对不同的订单产品,应根据构件生产特点制订每个操作岗位相应到位、明确的质量检查程序、检查方法,并对工序之间的交接进行质量检查,以保证制度的合理性和可操作性。

(2)应指定专门的质量检查员,根据质量管理制度进行落实和监督,以防止质量管理流于形式,重点对原材料质量和性能、混凝土配合比、模具组合精度、钢筋及埋件位置、养护温度和时间、脱模强度等内容进行监督把控,检查各项质量检查记录。

(3)应对所有的技术人员、管理人员、操作工人进行质量管理培训,明确每个岗位的质量责任,在生产过程中严格执行工序之间的交接检查,由下道工序对上道工序的质量进行检查验收,形成全员参与质量管理的氛围。

(4)要做好预制构件的质量管理,并不是简单地靠个别质检员的检查,而是要将"品质为根"的质量意识植入每一个员工的心里,让每一个人主动地按照技术和质量标准做好每项工作,可以说,好的构件质量是"做"出来的,而不是"管"出来的,是所有参与者共同努力的结果。

4. 工艺方法对预制构件质量的影响

制作预制构件的工艺方法有很多,同样的预制构件,在不同的预制构件厂可能会采用不同的生产制作方法,不同的工艺做法可能导致不同的质量水平,生产效率也可能大相径庭。

以预制外墙板为例,多数预制构件厂是采用卧式反打生产工艺,也就是室外的一侧贴着模板,室内的一侧采用人工抹平的工艺方法,制作出的外墙板构件外面平整光滑,但是内侧的预埋件很多,这就会影响生产效率,例如预埋螺栓、插座盒、套筒灌浆孔等会影响抹面操作,导致观感质量下降。如果采用正打工艺,把室内一侧朝下,用磁性固定装置把内侧埋件吸附在模台上,室外一侧基本没有预埋件,抹面找平时就很容易操作,甚至可以采用抹平机,这样做出来的构件内、外两侧都会很平整,并且生产效率高。

预制构件厂应该配备相应的工艺工程师,对各种构件的生产方法进行研究和优化,为生产配备相应的设施和工具,简化工序,降低工人的劳动强度。总体来说,操作越简单质量越有保证;技术越复杂越难以掌握,质量越难保证。

3.5.2 生产安全管理

预制构件生产企业应建立健全安全生产组织机构、管理制度、设备安全操作规程和岗位操作规范。

从事预制构件生产设备操作的人员应取得相应的岗位证书。特殊工种作业人员必须经安全技术理论和操作技能考核合格,并取得建筑施工特殊作业人员操作资格证书,应接受预制构件生产企业规定的上岗培训,并应在培训合格后再上岗。预制构件制作厂区操作人员应配备合格劳动防护用品。

预制墙板用保温材料、砂石等材料进场后,应存放在专门场地,保温材料堆放场地应有防火、防水措施。易燃、易爆物品应避免接触火种,单独存放在指定场所,并应进行防火、防盗管理。

吊运预制构件时,构件下方严禁站人。施工人员应待吊物降落至离地 1 m 以内再靠近吊物。预制构件应在就位固定后再进行脱钩。用叉车、行车卸载时,非相关人员应与车辆、构件保持安全距离。

特种设备应在检查合格后再投入使用。沉淀池等临空位置应设置明显标志,并应进行围挡。车间应进行分区,并设立安全通道。原材料进出通道、调运路线、流水线运转方向内严禁人员随意走动。

3.5.3　生产环境管理

预制构件生产企业在生产构件时,应严格按照操作规程,遵守国家的安全生产法规和环境保护法令,自觉保护劳动者生命安全,保护自然生态环境,具体做好以下几点:

(1)在混凝土和构件生产区域采用收尘、除尘装备以及防止扬尘散布的设施。通过堆场除尘等方式系统控制扬尘。

(2)针对混凝土废浆水、废混凝土和构件采取回收利用措施。

(3)设置废弃物临时置放点,并指定专人负责废弃物的分类、放置及管理工作。废弃物清运必须由合法的单位进行。有毒有害废弃物应利用密闭容器装存并及时处置。

(4)选用噪声小的生产装备,并在混凝土生产、浇筑过程中采取降低噪声的措施。

课后练习

一、单选题

1.预制构件脱模起吊时混凝土的强度应根据计算确定,且不宜小于(　　　)MPa。

A. 10　　　　　　　　B. 20　　　　　　　　C. 25　　　　　　　　D. 15

2.当墙板采用靠放架堆放或运输时,靠放架应具有足够的承载力和刚度,与地面倾斜角度宜大于(　　　)。

A. 45°　　　　　　　　B. 60°　　　　　　　　C. 80°　　　　　　　　D. 90°

3.夹芯外墙板宜采用平模工艺生产,下列顺序正确的是(　　　)。

A. 安装保温材料和拉结件→浇筑外叶墙板混凝土层→浇筑内叶墙板混凝土层

B. 浇筑外叶墙板混凝土层→安装保温材料和拉结件→浇筑内叶墙板混凝土层

C. 浇筑内叶墙板混凝土层→浇筑外叶墙板混凝土层→安装保温材料和拉结件

D. 浇筑外叶墙板混凝土层→浇筑内叶墙板混凝土层→安装保温材料和拉结件

4.下列关于预制构件存放说法错误的是(　　　)。

A. 存放场地应平整、坚实,并应有排水措施

B. 存放库区宜实行分区管理和信息化台账管理

C. 应合理设置垫块支点位置,确保预制构件存放稳定

D. 产品标识应明确、耐久,预埋吊件应朝上,标识应向内

5.预制楼板、叠合板、阳台板和空调板等构件叠放层数不宜超过(　　　)层。

A. 4　　　　　　　　B. 5　　　　　　　　C. 6　　　　　　　　D. 7

6.预制剪力墙中钢筋接头处套筒外侧钢筋的混凝土保护层厚度不应小于(　　)mm。

A. 10 　　　　　　B. 15 　　　　　　C. 20 　　　　　　D. 25

7.下列说法正确的是(　　)。

A. 露天生产遇下雨时应继续浇筑

B. 在混凝土收水或初凝前进行不少于3次压光

C. 每批制作强度检验试件不少于3组

D. 涂刷的多余脱模剂可不清理干净

8.构件进行蒸汽养护时,升温速度控制在(　　)以内。

A. 15 ℃/h 　　　B. 33 ℃/h 　　　C. 35 ℃/h 　　　D. 30 ℃/h

9.混凝土构件脱模时,一般构件不得低于设计强度的(　　)。

A. 55% 　　　　　B. 75% 　　　　　C. 60% 　　　　　D. 50%

10.外墙板采用支架对称堆放,支架倾斜角度保持在(　　)。

A. 0°~5° 　　　　B. 5°~10° 　　　　C. 10°~15° 　　　　D. 15°~20°

11.叠合楼板吊装,每块楼板至少需要(　　)吊点。

A. 2个 　　　　　B. 3个 　　　　　C. 4个 　　　　　D. 6个

12.若设计无要求,预制构件在运输时其混凝土强度至少应达到设计强度的(　　)。

A. 30% 　　　　　B. 40% 　　　　　C. 60% 　　　　　D. 75%

13.预制构件运输过程中以下措施中不正确的是(　　)。

A. 预制构件运输可选用低底盘平板车或大吨位卡车

B. 运输车上需配置可靠的稳定构件措施与减震措施,防止预制构件移动、倾倒、变形,如在车厢底板上铺设槽钢等支垫

C. 运输车上应设专用靠放架

D. 预制构件装卸时应配置指挥人员,统一指挥信号

14.下列选项中不属于装配式结构预制构件的主要制作流程的是(　　)。

A. 模台的清理 　　　　　　　　　　　B. 预制构件的吊装

C. 质量检测 　　　　　　　　　　　　D. 钢筋与吊环的放置与绑扎

15.预制墙板在直径大于800 mm的洞边时,采用配置钢筋的构造边缘构件时,构造边缘构件截面高度不宜小于墙厚,且不宜小于(　　),截面宽度同墙厚。

A. 100 mm 　　　B. 120 mm 　　　C. 200 mm 　　　D. 240 mm

16.带保温材料的预制构件宜采用水平浇筑方式成型。下列关于夹芯保温墙板成型的规定说法错误的是(　　)。

A. 拉结件的数量和位置应满足设计要求

B. 应采取可靠措施保证拉结件位置、保护层厚度符合要求,保证拉结件在混凝土中可靠锚固

C. 应保证保温材料间拼缝严密或使用粘结材料密封处理

D. 在上层混凝土浇筑完成之前,应保证下层混凝土初凝

17. 下列关于预制墙板的运输和堆放说法错误的是（　　）。

A. 采用靠放架堆放或运输构件时，靠放架应具有足够的承载力和刚度，与地面的倾斜角度宜大于80°

B. 墙板宜对称靠放且外饰面朝内，构件上部宜采用木垫块隔离

C. 采用插放架直立堆放或运输构件时，宜采取直立运输方式

D. 采用叠层平放的方式堆放或运输构件时，应采取防止构件产生裂缝的措施

18. 装配整体式混凝土剪力墙结构中，预制墙间的现浇混凝土竖向模板拆模必须达到的要求，说法正确的是（　　）。

A. 模板拆除时，混凝土强度应达到设计混凝土强度等级的50%

B. 模板拆除时，混凝土强度应达到设计混凝土强度等级的75%

C. 模板拆除时，混凝土强度应达到设计混凝土强度等级的100%

D. 混凝土强度能保证其表面及棱角不受损伤时，方可拆除模板

二、多选题

1. 高层装配整体式混凝土结构中，楼盖应符合下列哪项规定？（　　）。

A. 结构转换层和作为上部结构嵌固部位的楼层必须使用现浇楼盖

B. 屋面层和平面复杂的楼层宜采用现浇楼盖

C. 屋面层若采用叠合楼盖，楼板的后浇混凝土叠合层厚度不应小于150 mm

D. 受力复杂的楼层采用叠合楼盖时，后浇层内应采用双向通长配筋

E. 受力复杂的楼层采用叠合楼盖时，后浇层内的钢筋直径不宜小于12 mm

2. 下列哪些选项可作为单向板和双向板的设计依据？（　　）。

A. 预制板的接缝构造　　　　B. 现浇层的钢筋排布　　　　C. 支座构造

D. 长宽比　　　　E. 现浇层厚度

3. 下列选项中属于装配式预制构件运输过程中的技术要求的是（　　）。

A. 应制订预制构件的运输方案

B. 预制构件的运输车辆应满足构件尺寸和载重要求

C. 墙板可根据施工要求选择适宜的堆放和运输方式

D. 配备专业的人员

E. 以上均不符合题意

4. 关于预制混凝土构件的制作和运输，说法正确的是（　　）。

A. 制订加工制作方案、质量控制标准

B. 保温材料需要定位及保护

C. 必须进行加工详图设计

D. 模具、钢筋骨架、钢筋网片、钢筋、预埋件加工不允许偏差

E. 以上均不符合题意

5. 在叠合板生产的过程中操作不当会影响其美观效果，那么造成这种影响的主要原因是（　　）。

A. 脱模剂刷得不够均匀

B. 刷完脱模剂后有人员在上面走动

C. 人工振捣时，振捣得不够充分

D. 模台的锈蚀

E. 以上均不符合题意

6. 装配式结构预制构件的运输是重要的一环，下列选项中属于装配式结构预制构件运输的要求的是（　　　）。

A. 应提前制订预制构件的运输方案

B. 预制构件的运输车辆应满足构件尺寸和载重要求

C. 墙板应根据施工要求选择适宜的堆放和运输方式

D. 对于超高、超宽、刚度不对称等大型构件的运输和码放要采取特殊质量安全保证措施

E. 以上均不符合题意

7. 生产预制构件的模具应符合下列哪些要求？（　　　）。

A. 承载力、刚度和整体稳定性要求

B. 预制构件质量、生产工艺、模具组装与拆卸、周转次数要求

C 预制构件预留孔洞、插筋的安装定位要求

D. 预埋件的安装定位要求

E. 根据设计预设反拱要求

三、判断题

1. 预制叠合楼盖的预制板厚度不宜小于 60 mm，现浇层厚度不应小于 60 mm。（　　　）

2. 预制构件吊装运输的过程中，应该综合考虑吊装方式、吊装工具的选取、运输方式、运输路线、优化设施等因素，以免发生不必要的损失。（　　　）

3. 冬期生产和存放的预制构件的所有孔洞均应采取措施防止雨雪进入发生损坏。（　　　）

4. 夹芯外墙板加工生产工艺宜采用平模工艺：安装保温材料和拉结件→浇筑外叶墙板混凝土层→浇筑内叶墙板混凝土层。（　　　）

5. 预制构件脱模起吊时，预制构件的混凝土立方体抗压强度应满足设计要求，且不应小于 15 MPa。（　　　）

Chapter 4

项目 4　装配式混凝土建筑连接技术

　　装配式混凝土建筑是在工厂预制混凝土结构构件,通过可靠的连接方式在施工现场装配而成的建筑,其中节点连接问题一直是构件预制和施工现场质量控制的重点和难点。对装配式混凝土结构而言,"可靠的连接方式"是第一重要的,是结构安全的基本保障。目前,我国装配式混凝土结构连接方式主要包括钢筋灌浆套筒连接、浆锚搭接、后浇混凝土连接、螺栓连接和焊接。钢筋灌浆套筒连接、浆锚搭接、后浇混凝土连接都属于湿法连接,螺栓连接和焊接属于干法连接。

4.1　钢筋灌浆套筒连接

　　钢筋灌浆套筒连接是在金属套筒内灌注水泥基浆料,将钢筋对接,形成机械连接接头,如图 4-1所示。钢筋灌浆套筒连接技术在美国和日本已经有近 40 年的应用历史,是一项十分成熟的技术。美国 ACI 已明确将这种连接列入机械连接,不仅将这项技术广泛应用于预制构件受力钢筋的连接,而且还用于现浇混凝土受力钢筋的连接。我国部分单位对这种连接方式进行了一定数量的试验与研究工作,证实了它的安全性。目前,装配式建筑中钢筋灌浆套筒连接的应用最为广泛。

灌浆套筒连接　　　　　　　　图 4-1　钢筋灌浆套筒连接

4.1.1　钢筋灌浆套筒连接原理及工艺

1. 钢筋灌浆套筒连接原理

带肋钢筋插入套筒,向套筒内灌注无收缩或微膨胀的水泥基灌浆料,充满套筒与钢筋之间的

间隙,灌浆料硬化后与钢筋的横肋和套筒内壁凹槽或凸肋紧密啮合,钢筋连接后所受外力能够有效传递。

2.钢筋灌浆套筒连接工艺

钢筋灌浆套筒连接分两个阶段进行,第一个阶段在预制构件加工厂,第二个阶段在结构安装现场。

在工厂预制加工阶段,预制剪力墙、柱是将一段钢筋与套筒进行连接和预安装,再与构件的钢筋结构中其他钢筋连接固定,套筒侧壁接灌浆管、排浆管并引到构件模板外,然后浇筑混凝土,将连接钢筋、套筒预埋在构件内。其连接钢筋和套筒的布置如图 4-2 所示。

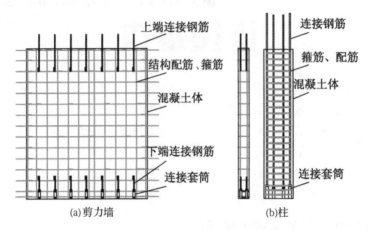

(a)剪力墙　　　　　　　　　(b)柱

图 4-2　钢筋灌浆套筒连接示意图

4.1.2　钢筋灌浆套筒连接接头的组成

钢筋灌浆套筒连接接头由带肋钢筋(连接钢筋)、灌浆套筒和灌浆料三部分组成。

1.连接钢筋

《钢筋连接用灌浆套筒》(JG/T 398—2019)规定,灌浆套筒适用直径为 12～40 mm 的 500 MPa 级及以下热轧带肋或余热处理钢筋。钢筋的机械性能技术参数如表 4-1 所示。

表 4-1　钢筋的机械性能技术参数

强 度 级 别	钢筋牌号	屈服强度/MPa	抗拉强度/MPa	延 伸 率	断后伸长率
335	HRB335、HRBF335	≥335	≥455	≥17%	≥7.5%
	HRB335E、HRBF335E	≥335	≥455	≥17%	≥9%
400	HRB400、HRBF400	≥400	≥540	≥16%	≥7.5%
	HRB400E、HRBF400E	≥400	≥540	≥16%	≥9.0%
	RRB400	≥400	≥540	≥14%	≥5.0%
	RRB400W	≥430	≥570	≥16%	≥7.5%

强度级别	钢筋牌号	屈服强度/MPa	抗拉强度/MPa	延 伸 率	断后伸长率
500	HRB500、HRBF500	≥500	≥630	≥15%	≥7.5%
	HRB500E、HRBF500E	≥500	≥630	≥15%	≥9.0%
	RRB500	≥500	≥630	≥13%	≥5.0%

注:1. 带"E"钢筋为适用于抗震结构的钢筋,其钢筋实测抗拉强度与实测屈服强度之比不小于1.25;钢筋实测屈服强度与规定的屈服强度特征值之比不大于1.30,最大力总伸长率不小于9%。

2. 带"W"钢筋为可焊接的余热处理钢筋。

2. 灌浆套筒

钢筋灌浆套筒连接接头采用的套筒应符合现行行业标准《钢筋连接用灌浆套筒》(JG/T 398—2019)的规定。

1) 灌浆套筒分类

① 按加工方式分。

灌浆套筒按加工方式分为铸造灌浆套筒和机械加工灌浆套筒,如图 4-3 所示。

铸造灌浆套筒   机械加工灌浆套筒

图 4-3　灌浆套筒按加工方式分类

② 按结构形式分。

灌浆套筒按结构形式分为全灌浆套筒和半灌浆套筒。

全灌浆套筒(见图 4-4)接头两端均采用灌浆方式连接钢筋,如图 4-5 所示,适用于竖向构件(墙、柱)和横向构件(梁)的钢筋连接。

图 4-4　全灌浆套筒

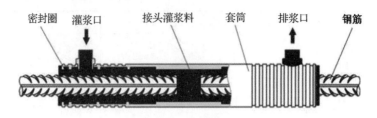

图 4-5 全灌浆套筒剖面示意

半灌浆套筒(见图 4-6)接头一端采用灌浆方式连接,另一端采用非灌浆方式连接(通常采用螺纹连接)钢筋,如图 4-7 所示,主要适用于竖向构件(墙、柱)的连接。半灌浆套筒按非灌浆一端连接方式不同还分为直接滚轧直螺纹半灌浆套筒、剥肋滚轧直螺纹半灌浆套筒和镦粗直螺纹半灌浆套筒。

图 4-6 半灌浆套筒

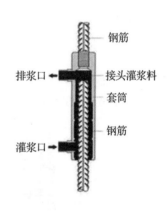

图 4-7 半灌浆套筒剖面示意

2)灌浆套筒型号

灌浆套筒型号由名称代号、分类代号、主参数代号和产品更新及变型代号等组成。灌浆套筒主参数为被连接钢筋的强度级别和公称直径。灌浆套筒型号表示规则如图 4-8 所示。

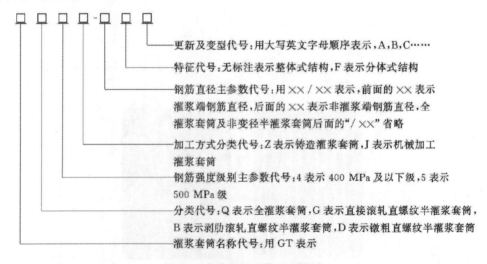

图 4-8 灌浆套筒型号表示规则

如 GTQ4Z-40 表示：采用铸造加工的整体式全灌浆套筒，连接标准屈服强度为 400 MPa、直径为 40 mm 的钢筋。

GTB5J-36/32A 表示：采用机械加工方式加工的剥肋滚轧直螺纹半灌浆套筒，第一次变型，连接标准屈服强度为 500 MPa 钢筋，灌浆端连接直径为 36 mm 的钢筋，非灌浆端连接直径为 32 mm 的钢筋。

3）灌浆套筒内径与锚固长度

灌浆套筒灌浆端的最小内径与连接钢筋公称直径的差值不宜小于表 4-2 规定的数值，用于钢筋锚固的深度不宜小于插入钢筋公称直径的 8 倍。

表 4-2　灌浆套筒内径最小尺寸要求

钢筋公称直径/mm	灌浆套筒最小内径与连接钢筋公称直径差值的最小值/mm
12~25	10
28~40	15

3. 灌浆料

钢筋连接用套筒灌浆料是以水泥为基本材料，配以细骨料，以及混凝土外加剂和其他材料组成的干混料，加水搅拌后具有良好的流动性、早强、高强、微膨胀等性能，填充于套筒和带肋钢筋间隙，简称灌浆料。

1）灌浆料性能指标

《钢筋连接用套筒灌浆料》（JG/T 408—2019）中规定了灌浆料在标准温度和湿度条件下的各项性能指标的要求，常温型套筒灌浆料的性能应符合表 4-3 的规定。其中抗压强度值越高，对灌浆接头连接性能越有帮助；流动度越高，施工作业越方便，接头灌浆饱满度越容易保证。

表 4-3　常温型套筒灌浆料的性能指标

检 测 项 目		性 能 指 标
流动度/mm	初始	≥300
	30 min	≥260
抗压强度/MPa	1 d	≥35
	3 d	≥60
	28 d	≥85
竖向膨胀率/（%）	3 h	0.02~2
	24 h 与 3 h 差值	0.02~0.40
氯离子含量/（%）		≤0.03
泌水率/（%）		0

2）灌浆料使用注意事项

灌浆料是通过加水拌和均匀后使用的材料，不同厂家的产品配方设计不同，虽然都可以满足《钢筋连接用套筒灌浆料》（JG/T 408—2019）所规定的性能指标，但却具有不同的工作性能，对环境条件的适应能力不同，灌浆施工的工艺也会有差异。

为了确保灌浆料使用时达到其产品设计指标，具备灌浆连接施工所需要的工作性能，并能最终顺利地灌注到预制构件的灌浆套筒内，实现钢筋的可靠连接，操作人员需要严格掌握并准确执行产品使用说明书规定的操作。实际施工中需要注意的要点包括：

①灌浆料使用时应检查产品包装上印制的有效期和产品外观，无过期情况和异常现象方可开袋使用。

②加水。浆料拌和时严格控制加水量，必须执行产品生产厂家规定的加水率。

加水过多，会造成灌浆料泌水、离析、沉淀，多余的水分挥发后形成孔洞，严重降低灌浆料抗压强度。加水过少，灌浆料胶凝材料部分不能充分发生水化反应，无法达到预期的工作性能。

灌浆料宜在加水后 30 min 内用完，以防后续灌浆遇到意外情况时灌浆料可流动的操作时间不足。

③搅拌。灌浆料与水的拌和应充分、均匀，通常是在搅拌容器内依次加入水及灌浆料并使用产品要求的搅拌设备，在规定的时间范围内，将浆料拌和均匀，使其具备应有的工作性能，如图 4-9 所示。

灌浆料搅拌时，应保证搅拌容器的底部边缘死角处的灌浆料干粉与水充分拌和，搅拌均匀后，需静置 2～3 min 以排气，尽量排出搅拌时卷入浆料的气体，保证最终灌浆料的强度性能。

图 4-9　搅拌灌浆料

④流动度检测。灌浆料流动度是保证灌浆连接施工的关键性能指标，灌浆施工环境的温湿度差异，影响着灌浆的可操作性。在任何情况下，流动度低于要求值的灌浆料都不能用于灌浆连接施工，以防止构件灌浆失败造成事故。

为此，在灌浆施工前，应首先进行流动度的检测，在流动度值满足要求后方可施工，施工中注意灌浆时间应短于灌浆料具有规定流动度值的时间（可操作时间）。

每工作班应检查灌浆料拌合物初始流动度不少于 1 次，确认合格后，方可用于灌浆；留置灌浆料强度检验试件的数量应符合验收及施工控制要求。

⑤灌浆料的强度与养护温度。灌浆料是水泥基制品，其抗压强度增长速度受养护环境的温度影响。

冬期施工灌浆料强度增长慢，后续工序应在灌浆料满足规定强度值后进行；而夏季施工灌浆料凝固速度加快，灌浆施工时间必须严格控制。

⑥散落的灌浆料拌合物成分已经改变，不得二次使用；剩余的灌浆料拌合物由于已经发生水化反应，如再次加灌浆料、水后混合使用，可能出现早凝或泌水，故不能使用。

4.1.3　钢筋灌浆套筒连接接头性能要求

钢筋灌浆套筒连接接头作为一种钢筋机械接头应满足强度和变形性能要求。

1. 钢筋灌浆套筒连接接头强度要求

钢筋灌浆套筒连接接头的屈服强度不应小于连接钢筋屈服强度标准值；抗拉强度不小于连接钢筋抗拉强度标准值，且破坏时要求断于接头外钢筋（见图 4-10），即不允许在拉伸时破坏在接头处。图 4-11 和图 4-12 所示即为不符合规定的情况。灌浆套筒连接接头在经受规定的高应力和大变形反复拉压循环后，抗拉强度仍应符合以上规定。

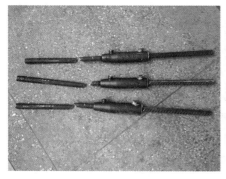
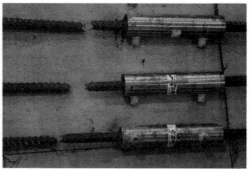

图 4-10　断于钢筋

图 4-11　钢筋拉脱

图 4-12　断于接头

灌浆套筒连接接头单向拉伸、高应力反复拉压、大变形反复拉压试验加载过程中,接头拉力达到连接钢筋抗拉荷载标准值的 1.15 倍而未发生破坏,应判为抗拉强度合格,可停止试验。

2. 钢筋灌浆套筒连接接头变形性能要求

钢筋灌浆套筒连接接头的变形性能应符合表 4-4 的规定。当频遇荷载组合条件下构件中钢筋应力高于钢筋屈服强度标准值 f_{yk} 的 0.6 倍时,设计单位可对单向拉伸残余变形的加载峰值 u_0 提出调整要求。

表 4-4　钢筋灌浆套筒连接接头的变形性能

项　目		变形性能要求
对中和偏置单向拉伸	残余变形/mm	$u_0 \leqslant 0.10(d \leqslant 32)$ $u_0 \leqslant 0.14(d > 32)$
	最大力总伸长率/(%)	$A_{sgt} \geqslant 6.0$
高应力反复拉压	残余变形/mm	$u_{20} \leqslant 0.3$
大变形反复拉压	残余变形/mm	$u_4 \leqslant 0.3$ 且 $u_8 \leqslant 0.6$

注:d 表示灌浆套筒外径;u_0 表示接头试件加载至 0.6 倍钢筋屈服强度标准值并卸载后在规定标距内的残余变形;u_{20} 表示接头经高应力反复拉压 20 次后的残余变形;u_4 表示接头经大变形反复拉压 4 次后的残余变形;u_8 表示接头经大变形反复拉压 8 次后的残余变形;A_{sgt} 表示接头试件的最大力总伸长率。

4.1.4　钢筋灌浆套筒连接接头设计要求

(1)采用灌浆套筒连接时,混凝土结构设计要符合国家现行标准《混凝土结构设计规范(2015年版)》(GB 50010—2010)、《建筑抗震设计规范(附条文说明)(2016年版)》(GB 50011—2010)、《装配式混凝土结构技术规程》(JGJ 1—2014)的有关规定。

(2)采用灌浆套筒连接的构件混凝土强度等级不宜低于 C30。

(3)采用符合《钢筋套筒灌浆连接应用技术规程》(JGJ 355—2015)规定的套筒灌浆连接接头时,全部构件纵向受力钢筋可在同一截面上连接。但全截面受拉构件不宜全部采用灌浆套筒连接接头。

(4)混凝土构件中灌浆套筒的净距不应小于 25 mm。

(5)混凝土构件的灌浆套筒长度范围内,预制混凝土柱箍筋的混凝土保护层厚度不应小于20 mm,预制混凝土墙最外层钢筋的混凝土保护层厚度不应小于 15 mm。

(6)应用灌浆套筒连接接头时,混凝土构件设计还应符合下列规定:

①接头连接钢筋的强度等级不应高于灌浆套筒规定的连接钢筋强度等级。

②接头连接钢筋的直径规格不应大于灌浆套筒规定的连接钢筋直径规格,且不宜小于灌浆套筒规定的连接钢筋直径规格一级以上。

钢筋直径不得大于套筒规定的连接钢筋直径,是因为可能造成套筒内锚固钢筋灌浆料过薄而锚固性能降低,除非以充分试验证明其接头施工可靠且连接性能满足设计要求。灌浆连接的钢筋直径规格不应小于规定的直径规格一级以上,但应注意,由于套筒预制端的钢筋是居中的,现场安装时连接钢筋的直径越小,套筒两端钢筋轴线的极限偏心越大,而连接钢筋偏心过大即可能对构件承载带来不利影响,还可能由于套筒内壁距离钢筋较远而对钢筋锚固约束的刚性下降,接头连接强度下降。同样,如果有充分的试验验证,套筒规定的连接钢筋直径范围扩大,套筒两端连接的钢筋直径就可以相差直径规格一级以上。

③构件配筋方案应根据灌浆套筒外径、长度及灌浆施工要求确定。

④构件钢筋插入灌浆套筒的锚固长度应符合灌浆套筒参数要求。

⑤竖向构件配筋设计应结合灌浆孔、出浆孔位置。

⑥底部设置键槽的预制柱,应在键槽处设置排气孔。

4.1.5　钢筋灌浆套筒连接接头型式检验

1.型式检验条件

属于下列情况时,应进行接头型式检验:

①确定接头性能时;

②灌浆套筒材料、工艺、结构改动时;

③灌浆料型号、成分改动时;

④钢筋强度等级、肋形发生变化时;

⑤型式检验报告超过 4 年。

接头型式检验明确要求,试件用钢筋、灌浆套筒、灌浆料应符合《钢筋套筒灌浆连接应用技术规程》(JGJ 355—2015)对于材料的各项要求。

2. 型式检验试件数量与检验项目

①对中接头试件 9 个,其中 3 个做单向拉伸试验,3 个做高应力反复拉压试验,3 个做大变形反复拉压试验。

②偏置接头试件 3 个,做单向拉伸试验。

③钢筋试件 3 个,做单向拉伸试验。

④全部试件的钢筋应在同一炉(批)号的 1 根或 2 根钢筋上截取;接头试件钢筋的屈服强度和抗拉强度偏差不宜超过 30 MPa。

3. 型式检验灌浆接头试件制作要求

型式检验的灌浆套筒连接接头试件要在检验单位监督下由送检单位制作,且符合以下规定:

①3 个偏置单向拉伸接头试件应保证一端钢筋插入灌浆套筒中心,一端钢筋偏置后钢筋横肋与套筒壁接触。图 4-13 为偏置单向拉伸接头的钢筋偏置示意图。

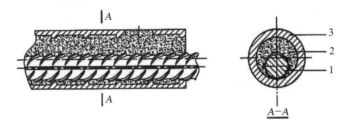

图 4-13 偏置单向拉伸接头的钢筋偏置示意图

1—在套筒内偏置的连接钢筋;2—浆料;3—灌浆套筒

9 个对中接头试件的钢筋均应插入灌浆套筒中心。

所有接头试件的钢筋应与灌浆套筒轴线重合或平行,钢筋在灌浆套筒内的插入深度应为灌浆套筒的设计锚固深度。图 4-14 所示为灌浆接头抗拉试验试件。

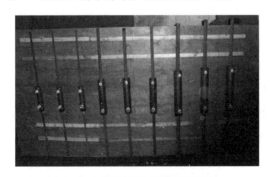

图 4-14 灌浆接头抗拉试验试件

②接头应按《钢筋套筒灌浆连接应用技术规程》(JGJ 355—2015)的有关规定进行灌浆;对于半灌浆套筒连接,机械连接端的加工应符合《钢筋机械连接技术规程》(JGJ 107—2016)的有关规定。

③采用灌浆料拌合物制作的 40 mm×40 mm×160 mm 试件不应少于 1 组,并宜留设不少于 2 组。

④接头试件及灌浆料试件应在标准养护条件下养护。

⑤接头试件在试验前不应进行预拉。

灌浆料为水泥基制品,其最终实际抗压强度将是在一定范围内的数值,只有型检接头试件的灌浆料实际抗压强度在其设计强度的最低值附近时,接头才能反映出接头性能的最低状态,如果此时试件能够达到规定性能,则实际施工中的同样强度的灌浆料连接的接头才能被认为是安全的。《钢筋套筒灌浆连接应用技术规程》(JGJ 355—2015)要求,型式检验接头试件在试验时,灌浆料抗压强度不应小于 80 MPa,且不应大于 95 MPa;如灌浆料 28 d 抗压强度的合格指标(f_g)高于 85 MPa,试验时的灌浆料抗压强度低于 28 d 抗压强度合格指标(f_g)的数值不应大于 5 MPa,且超过 28 d 抗压强度合格指标(f_g)的数值不大于 10 MPa 与 $0.1f_g$ 二者的较大值。

4. 灌浆套筒连接接头的型式检验试验方法

《钢筋套筒灌浆连接应用技术规程》(JGJ 355—2015)对灌浆接头型式检验的试验方法和要求与《钢筋机械连接技术规程》(JGJ 107—2016)的有关规定基本相同,但由于灌浆接头的套筒长度大约在 11～17 倍钢筋直径,远远大于其他机械连接接头,进行型式检验的大变形反复拉压试验时,如按照《钢筋机械连接技术规程》(JGJ 107—2016)规定的变形量控制,套筒本体几乎没有变形,要依靠套筒外的 4 倍钢筋直径长度的变形达到 10 多倍钢筋直径的变形量对灌浆接头来说过于严苛,经试验研究后将本项试验的变形量计算长度 L_g 进行了适当的折减,其中:

全灌浆套筒连接:

$$L_g = \frac{L}{2} + 4d_s$$

半灌浆套筒连接:

$$L_g = \frac{L}{4} + 4d_s$$

式中:L——灌浆套筒长度;d_s——钢筋公称直径。

型式检验接头的灌浆料抗压强度符合规定,且型式检验试验结果符合要求,才可评为合格。

4.2 浆锚搭接 ·······

1. 浆锚搭接基本原理

传统现浇混凝土结构的钢筋搭接一般采用绑扎连接或直接焊接等方式,而装配式结构预制构件之间的连接除了采用钢筋套筒连接以外,有时也采用钢筋浆锚搭接的方式。与钢筋套筒连接相比,浆锚搭接同样安全可靠、施工方便,成本相对较低。

钢筋浆锚搭接的受力机理是将拉结钢筋锚固在预留孔内,通过灌注高强度无收缩水泥砂浆实现力的传递。也就是说,钢筋中的拉力通过剪力传递到灌浆料中,再传递到周围的预制混凝土之间的界面中去,因此,浆锚搭接也称为间接锚固或间接搭接。这种搭接技术在欧洲有多年的应用历史,我国已有多家单位对间接搭接技术进行了一定数量的研究工作,如哈尔滨工业大学、黑龙江宇辉新型建筑材料有限公司等对这种技术进行了大量试验与研究,也取得了许多成果。

2. 浆锚搭接预留孔洞的成形方式

浆锚搭接方式如图 4-15 所示,有两种预留孔洞成形方式:

(1)埋置螺旋形金属内模,构件达到强度后旋出内模;

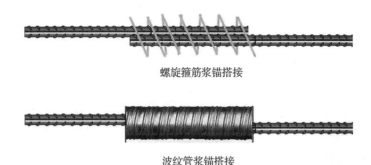

螺旋箍筋浆锚搭接

波纹管浆锚搭接

图 4-15 浆锚搭接方式

（2）预埋金属波纹管做内模，完成后不抽出。

通过对比两种成形方式，采用金属内模旋出容易造成孔壁损坏，也比较费工，因此金属波纹管方式相对可靠简单。

3. 浆锚搭接的种类

按照预留孔洞的成形方式不同，浆锚搭接可以分为钢筋约束浆锚搭接和金属波纹管浆锚搭接。

1）钢筋约束浆锚搭接

钢筋约束浆锚搭接是基于黏结锚固原理进行连接的方法，在竖向结构构件下段范围内预留出竖向孔洞，孔洞内壁表面留有螺纹状粗糙面，周围配有横向约束螺旋箍筋，将下部装配式预制构件预留钢筋插入孔洞，通过灌浆孔注入灌浆料将上、下构件连接成一体，如图 4-16 所示。

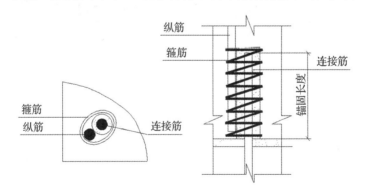

图 4-16 钢筋约束浆锚搭接示意

2）金属波纹管浆锚搭接

金属波纹管浆锚搭接是在竖向应用的预制混凝土构件下端部预埋连接钢筋外绑设一个大口径金属波纹管，金属波纹管贴紧预埋连接钢筋并延伸到构件下端面形成一个波纹管孔洞，波纹管另一端向上从预制构件侧壁引出，预制构件浇筑成型后每根连接钢筋旁都留有一个波纹管形成的预留孔。一种构件在现场安装时，将另一构件的连接钢筋全部插入该构件上对应的波纹管后，从波纹管上孔注入高强灌浆料，灌浆料充满波纹管与连接钢筋的间隙，灌浆料凝固后即形成一个钢筋搭接锚固头，实现两个构件之间的钢筋连接。图 4-17 为金属波纹管连接示意图。图 4-18 所示为预制外墙板间竖向钢筋的金属波纹管浆锚搭接，其中外墙拼缝截面采用内高外低的防雨水渗漏构造。

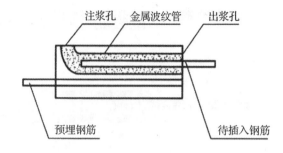

预埋波纹管浆锚连接技术

图 4-17　金属波纹管连接示意图

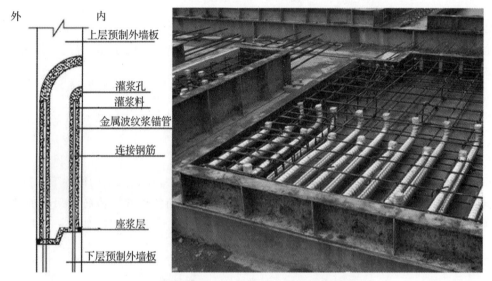

图 4-18　预制外墙板间竖向钢筋的金属波纹管浆锚搭接

4. 浆锚搭接灌浆料

灌浆料是以水泥为基本原料的,其性能应符合表 4-5 的规定。

表 4-5　浆锚搭接灌浆料性能要求

检 测 项 目		性 能 指 标
流动度/mm	初始	≥200
	30 min	≥150
抗压强度/MPa	1 d	≥35
	3 d	≥55
	28 d	≥80
竖向自由膨胀率/(%)	24 h 与 3 h 差值	0.02～0.5
氯离子含量/(%)		0.06

5. 浆锚搭接的要求

钢筋采用浆锚搭接方式连接时,可在下层预制构件中设置竖向连接钢筋与上层预制构件内的连接钢筋进行连接。纵向钢筋采用浆锚搭接时,对预留孔成孔工艺、孔道形状和长度、构造要求、灌浆料和被连接的钢筋,应进行力学性能以及适用性的试验验证。直径大于 20 mm 的钢筋不宜采用浆锚搭接,直接承受动力荷载的构件纵向钢筋不应采用浆锚搭接。连接钢筋可在预制构件中通长设置,或在预制构件中可靠锚固。

4.3 后浇混凝土连接

后浇混凝土是指预制构件安装后在预制构件连接区域或叠合层现场灌注的混凝土。

后浇混凝土连接是装配式混凝土结构非常重要的连接方式,基本上所有的装配式混凝土结构建筑都会有后浇混凝土。

后浇混凝土钢筋连接是后浇混凝土连接最重要的环节。后浇混凝土钢筋连接方式可采用现浇结构钢筋的连接方式,主要包括机械螺纹套筒连接、钢筋搭接、钢筋焊接等。

为加强预制部件与后浇混凝土之间的连接,预制混凝土构件与后浇混凝土的接触面须做成粗糙面或键槽,或两者兼有,以提高混凝土抗剪能力,如图 4-19 所示。

(a)键槽　　　　　　　　　　　　　　　　(b)粗糙面

图 4-19　后浇混凝土连接接触面处理

平面、粗糙面和键槽面混凝土抗剪能力的比例为 1∶1.6∶3,即粗糙面抗剪能力是平面的 1.6 倍,键槽面是平面的 3 倍。

粗糙面的处理方法如下:

(1)人工凿毛法:人工使用铁锤和凿子剔除预制构件结合面的表皮,露出碎石骨料。

(2)机械凿毛法:使用专门的小型凿岩机配置梅花平头钻,剔除结合面混凝土表皮。

(3)缓凝水冲法:在预制构件混凝土灌注前,将含有缓凝剂的浆液涂刷在模板上,灌注混凝土后,利用已浸润缓凝剂的表面混凝土与内部混凝土的缓凝时间差,用高压水冲洗未凝固的表层混凝土,冲掉表面浮浆,露出骨料形成粗糙表面。

《装配式混凝土结构技术规程》中对预制构件与后浇混凝土、灌浆料、座浆材料的结合面做了如下规定:

①预制板与后浇混凝土叠合层之间的结合面应设置粗糙面。

②预制梁与后浇混凝土叠合层之间的结合面应设置粗糙面,预制梁端面应设置键槽(见图 4-20)且宜设置粗糙面。键槽的尺寸和数量应按规定计算确定;键槽的深度 t 不宜小于 30 mm,宽度 w 不宜小于深度的 3 倍且不宜大于深度的 10 倍;键槽可贯通截面,当不贯通时

槽口距离截面边缘不宜小于 50 mm;键槽间距宜等于键槽宽度;键槽端部斜面倾角不宜大于 30°。

③预制剪力墙的顶部和底部与后浇混凝土的结合面应设置粗糙面;侧面与后浇混凝土的结合面应设置粗糙面,也可设置键槽;键槽深度 t 不宜小于 20 mm,宽度 w 不宜小于深度的 3 倍且不宜大于深度的 10 倍,键槽间距宜等于键槽宽度,键槽端部斜面倾角不宜大于 30°。

④预制柱的底部应设置键槽且宜设置粗糙面,键槽应均匀布置,键槽深度不宜小于 30 mm,键槽端部斜面倾角不宜大于 30°。柱顶应设置粗糙面。

⑤粗糙面的面积不宜小于结合面的 80%,预制板的粗糙面凹凸深度不应小于 4 mm,预制梁端、预制柱端、预制墙端的粗糙面凹凸深度不应小于 6 mm。

粗糙面设置

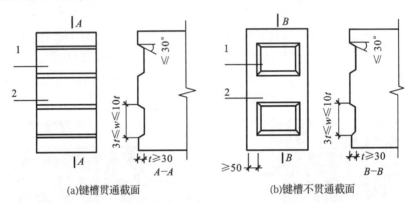

(a)键槽贯通截面   (b)键槽不贯通截面

图 4-20 梁端键槽构造示意(单位:mm)

1—键槽;2—梁端面

4.4 螺栓连接

螺栓连接是指用螺栓和预埋件将预制构件与预制构件或主体结构进行连接的一种连接方式,如图 4-21 所示。这种连接形式属于机械连接,连接过程比较简单,对精度要求非常高。首先是在上层剪力墙的下边设置有孔洞的钢板,将下层剪力墙的上方有螺纹的钢筋作为螺杆,然后将钢筋穿过钢板并用螺帽与上层剪力墙连接,对连接的部位浇筑混凝土,最后,混凝土硬化将上、下层墙体连接起来。

图 4-21 螺栓连接

预制装配式剪力墙结构采用这种方式进行连接存在的问题有:随着时间以及荷载作用,螺栓可能会发生松动;受到自然环境或者其他因素影响,螺栓会逐渐脱落。

螺栓连接的适用范围:在装配式混凝土结构中,螺栓连接仅用于外挂墙板和楼梯等非主体结构构件的连接。

4.5 焊接

焊接是指在预制混凝土构件中预埋钢板,对预埋钢板进行焊接来传递构件之间作用力的连接方式。

焊接的优点是避免了传统湿连接等方式的灌浆和养护环节从而节省了工期。缺点是焊接方法中无明显的塑性铰设置,焊接缝在反复地震荷载作用下容易发生脆性破坏,故该连接方式的抗震性能不理想。但是,对于塑性铰设置良好的焊接接头,其优点非常显著,故当前干式连接的发展方向之一为开发变形性能较好的焊接构造。在施工中应该充分安排好相应构件的焊接工序从而减小焊接的残余应力并使焊接有效。

课后练习

一、单选题

1. 下列直径的钢筋不宜采用浆锚搭接方式连接的是( )。

A. 14 mm   B. 16 mm   C. 20 mm   D. 22 mm

2. 装配式结构采用焊接或螺栓连接时,应对外露铁件采取( )的措施。

A. 防潮和防火   B. 防冻和防水   C. 防腐和防火   D. 防潮和防冻

3. 当预制剪力墙竖向钢筋采用灌浆套筒连接时,已知套筒长度(套筒底部至套筒顶部的距离)为 100 mm,则预制剪力墙水平分布钢筋加密区的高度是( )。

A. 150 mm   B. 200 mm   C. 300 mm   D. 400 mm

4. 钢筋套筒灌浆连接及浆锚搭接用的灌浆料应满足设计要求,每工作班应制作的试件,其尺寸为( )。

A. 40 mm×40 mm×160 mm   B. 70.7 mm×70.7 mm×70.7 mm

C. 100 mm×100 mm×100 mm   D. 150 mm×150 mm×150 mm

5. 预制柱的底部应设置键槽且设置粗糙面,下列键槽深度满足要求的是( )。

A. 10 mm   B. 15 mm   C. 25 mm   D. 35 mm

6. 钢筋套筒灌浆连接及浆锚搭接用的灌浆料应满足设计要求,每工作班应制作 1 组且每层不应小于( )组试件。

A. 3   B. 4   C. 5   D. 6

7. 预制梁端面应设置键槽且宜设置粗糙面。键槽的深度不宜小于( )mm,宽度不宜小于深度的 3 倍且不宜大于深度的 10 倍。

A. 10   B. 20   C. 30   D. 40

8.《装配式混凝土结构技术规程》要求,预制梁端、预制柱端、预制墙端的粗糙面凹凸深度不应小于(   ),粗糙面的面积不宜小于结合面的(   )。

A. 6 mm,100%   B. 6 mm,80%   C. 30 mm,100%   D. 30 mm,80%

9. 不属于预制构件结合面粗糙化处理工艺的是(   )。

A. 水洗法   B. 拉毛   C. 压花   D. 喷砂

10. 对于叠合板来说,浇筑完混凝土之后,应该在(   )对混凝土表面做粗糙面。

A. 刚浇筑完混凝土时   B. 混凝土初凝前

C. 混凝土初凝后   D. 混凝土终凝后

11. 预制剪力墙的顶部和底部与后浇混凝土的结合面应设置粗糙面;侧面与后浇混凝土的结合面应设置粗糙面,也可设置键槽;键槽深度 t 不宜小于(   )mm。

A. 10   B. 15   C. 20   D. 25

12. 钢筋套筒挤压连接属于下列哪种连接方式?(   )。

A. 焊接连接   B. 机械连接   C. 绑扎连接   D. 灌浆套筒连接

13. 预制外墙接缝竖缝宜采用(   )构造。

A. 平口   B. 槽口或企口   C. 平口或槽口   D. 平口或企口

二、多选题

1. 当预制剪力墙竖向钢筋采用灌浆套筒连接时,下列说法正确的有(   )。

A. 自套筒底部至套筒顶部向上延伸 500 mm 范围内,预制剪力墙的水平分布钢筋应加密

B. 抗震等级为一级的预制剪力墙加密区水平分布钢筋直径为 6 mm

C. 抗震等级为二级的预制剪力墙加密区水平分布钢筋间距为 80 mm

D. 套筒第一道水平分布钢筋距离套筒顶部不应大于 50 mm

E. 套筒第一道水平分布钢筋距离套筒顶部不应大于 20 mm

2. 当预制剪力墙竖向钢筋采用灌浆套筒连接时,已知抗震等级为三、四级,则下列加密区水平分布钢筋的直径满足要求的有(   )。

A. 6 mm   B. 8 mm   C. 10 mm

D. 12 mm   E. 14 mm

3. 预制构件纵向钢筋宜在后浇混凝土内直线锚固;当直线锚固长度不足时,可采用(   )连接。

A. 焊接   B. 弯折   C. 机械锚固

D. 对接   E. 化学锚栓

4. 钢结构的连接方法包括(   )。

A. 对拉连接   B. 焊接连接   C. 搭接连接

D. 螺栓连接   E. 铆钉连接

三、判断题

1. 钢筋灌浆套筒连接是指在预制混凝土构件中预留孔道,在孔道中插入需搭接的钢筋,并灌注水泥基灌浆料而实现的钢筋连接方式。(   )

2.次梁与主梁宜采用铰接,也可采用刚接。（　　）

3.当次梁不直接承受动力荷载且跨度不大于 10 m 时,可采用钢企口与主梁连接。（　　）

4.在装配整体式剪力墙结构中,上、下层预制剪力墙的竖向钢筋采用灌浆套筒连接和浆锚搭接方式连接时,边缘构件竖向钢筋必须逐根连接。（　　）

5.预制部位灌浆套筒连接对剪力墙形态影响较小,主要与截面竖向钢筋连接方式有关。（　　）

6.对框架顶层端节点,梁下部纵向受力钢筋应锚固在后浇节点区内,且宜采用锚固板的锚固方式。（　　）

7.直径大于 20 mm 的钢筋不宜采用浆锚搭接,直接承受动力荷载的构件纵向钢筋不应采用浆锚搭接。（　　）

8.预制柱的底部和顶部应设置键槽且宜设置粗糙面,键槽应均匀布置,键槽深度不宜小于 30 mm,键槽端部斜面倾角不宜大于 30°。（　　）

四、简答题

1.装配式混凝土构件常用的连接方式有哪些?

2.什么是钢筋灌浆套筒连接? 如何分类?

Chapter 5

项目5 装配式混凝土建筑设计技术

装配式混凝土建筑设计应在满足平面功能的基础上考虑有利于装配式建筑建造的要求,遵循"少规格、多组合"的原则,进行标准化、定型化设计,建立标准化部件模块、功能模块与空间模块,实现模块多组合应用,提高基本模块、构件和部品的重复使用率,提升建筑品质,提高建造效率,控制建设成本。

装配式建筑项目
技术方案

5.1 建筑设计

装配式混凝土建筑应遵循建筑全周期的可持续性原则,并应满足模数协调、标准化设计和集成设计等要求。

5.1.1 模数协调

装配式混凝土建筑设计应采用模数来协调结构构件、内装部品、设备与管线之间的尺寸关系,做到部品部件设计、生产和安装等相互间尺寸协调,减少和优化各部品部件的种类和尺寸。

模数协调是建筑部品部件实现通用性和互换性的基本原则,规格化、通用化的部品部件适用于常规的各类建筑,可满足各种要求。大量的规格化、定型化部品部件的生产可稳定质量,降低成本。通用化部件所具有的互换能力,可促进市场的良性竞争和生产水平的提高。

装配式混凝土建筑的开间与柱距、进深与跨度、门窗洞口宽度等宜采用水平扩大模数数列 $2n$M、$3n$M(n 为自然数)。层高和门窗洞口高度等宜采用竖向扩大模数数列 nM。梁、柱、墙等部件的截面尺寸宜采用竖向扩大模数数列 nM。内装系统中的装配式隔墙、整体收纳空间和管道井等单元模块化部品宜采用基本模数,也可插入分模数数列 nM/2 或 nM/5 进行调整。构造节点和部件的接口尺寸宜采用分模数数列 nM/2、nM/5、nM/10。M 是模数协调的最小单位,通常 1M=100 mm。

装配式混凝土建筑的开间、进深、层高、洞口等优先尺寸应根据建筑类型、使用功能、部品部件生产与装配要求等确定。

装配式混凝土建筑的定位宜采用中心定位法与界面定位法相结合的方法。对于部件的水平定位宜采用中心定位法。部件的竖向定位和部品的定位宜采用界面定位法。

装配式混凝土建筑应严格控制预制构件与预制构件、预制构件与现浇构件之间的建筑公差。部品部件尺寸及安装位置的公差协调应根据生产装配要求、主体结构层间变形、密封材料变形能力、材料干缩、温差变形、施工误差等确定。接缝的宽度应满足主体结构层间变形、密封材料变形能力、施工误差、温差引起变形等的要求，防止接缝漏水等质量事故发生。

5.1.2 标准化设计

建筑中相对独立、具有特定功能、能够通用互换的单元称为模块。装配式混凝土建筑应采用模块及模块组合的设计方法，遵循"少规格、多组合"的原则。公共建筑应采用楼电梯、公共卫生间、公共管井、基本单元等模块进行组合设计。住宅建筑应采用楼电梯、公共管井、集成式厨房、集成式卫生间等模块进行组合设计。

装配式混凝土建筑部品部件的接口应具有统一的尺寸规格与参数，且应模数协调。这样的接口称作标准化接口。

装配式建筑设计应重视其平面、立面和剖面的规则性，宜优先选用规则的形体，同时便于工厂化、集约化生产加工，以提高工程质量，并降低工程造价。装配式混凝土建筑平面设计应采用大开间大进深、空间灵活可变的布置方式；平面布置应规则，承重构件布置应上下对齐贯通，外墙洞口宜规整有序；设备与管线宜集中设置，并应进行管线综合设计。在装配式混凝土建筑立面设计中，外墙、阳台板、空调板、外窗、遮阳设施及装饰等部品部件宜进行标准化设计；宜通过建筑体量、材质肌理、色彩等变化，形成丰富多样的立面效果；装饰面层宜采用清水混凝土、装饰混凝土、免抹灰涂料和反打面砖等耐久性强的建筑材料。

装配式混凝土建筑应根据建筑功能、主体结构、设备管线及装修等要求，确定合理的层高及净高尺寸。

5.1.3 集成设计

集成设计是指建筑结构系统、外围护系统、设备与管线系统、内装系统的一体化设计。装配式混凝土建筑应进行集成设计，提高集成度、施工精度和效率。各系统设计应统筹考虑材料性能、加工工艺、运输限制、吊装能力等要求。

结构系统宜采用功能复合度高的部件进行集成设计，优化部件规格；应满足部件加工、运输、堆放、安装的尺寸和重量要求。

外围护系统设计时，应对外墙板、幕墙、外门窗、阳台板、空调板及遮阳部件等进行集成设计；应采用提高建筑性能的构造连接措施，并宜采用单元式装配外墙系统。

设备与管线系统应集成设计。给水排水、暖通空调、电气智能化、燃气等设备与管线应综合设计；宜选用模块化产品，接口应标准化，并应预留扩展条件。

内装系统设计应与建筑设计、设备与管线设计同步进行；内装系统宜采用装配式楼地面、墙面、吊顶等部品系统；住宅建筑宜采用集成式厨房、集成式卫生间及整体收纳等部品系统。

接口及构造也应进行集成设计。结构系统部件、内装部品部件和设备管线之间的连接方式应满足安全性和耐久性要求；结构系统与外围护系统宜采用干式工法连接，其接缝宽度应满足结构变形和温度变形的要求；部品部件的构造连接应安全可靠，接口及构造设计应满足施工安装与使用维护的要求；应确定适宜的制作公差和安装公差设计值；设备管线接口应避开预制构件受力较大部位和节点连接区域。

5.1.4 其他

装配式混凝土建筑设计宜建立信息化协同平台,采用标准化的功能模块、部品部件等信息库,统一编码、统一规则,全专业共享数据信息,实现建设全过程的管理和控制。

装配式混凝土建筑应满足建筑全寿命期的使用维护要求,宜采用管线分离的方式。

装配式混凝土建筑应满足国家现行标准有关防火、防水、保温、隔热及隔声等要求。

5.2 结构设计

结构系统是指由结构构件通过可靠的连接方式装配而成,以承受或传递荷载作用的整体。装配式混凝土建筑应采取有效措施加强结构的整体性,保证结构和构件满足承载力、延性和耐久性的要求。

装配式混凝土结构属于混凝土结构的一个子类别,除了应执行装配式混凝土建筑相关规定外,尚应符合现行混凝土结构规范、规程等的要求。

目前我国装配式混凝土建筑仅在抗震设防烈度为8度及以下的地区推广和采用。

5.2.1 最大适用高度

装配整体式混凝土结构房屋的最大适用高度应满足表 5-1 的要求。

表 5-1　装配整体式混凝土结构房屋的最大适用高度(m)

结构类型	抗震设防烈度			
	6 度	7 度	8 度(0.20g)	8 度(0.30g)
装配整体式框架结构	60	50	40	30
装配整体式框架-现浇剪力墙结构	130	120	100	80
装配整体式框架-现浇核心筒结构	150	130	100	90
装配整体式剪力墙结构	130(120)	110(100)	90(80)	70(60)
装配整体式部分框支剪力墙结构	110(100)	90(80)	70(60)	40(30)

注:1. 房屋高度指室外地面到主要屋面的高度,不包括局部突出屋顶的部分;

　　2. 部分框支剪力墙结构指地面以上有部分框支剪力墙的剪力墙结构,不包括仅个别框支墙的情况。

当结构中竖向构件全部为现浇且楼盖采用叠合梁板时,房屋的最大适用高度可按现浇混凝土建筑采用。

装配整体式剪力墙结构和装配整体式部分框支剪力墙结构,在规定的水平力作用下,当预制剪力墙构件底部承担的总剪力大于该层总剪力的 50% 时,其最大适用高度应适当降低;当预制剪力墙构件底部承担的总剪力大于该层总剪力的 80% 时,最大适用高度应取表 5-1 中括号内的数值。

装配整体式剪力墙结构和装配整体式部分框支剪力墙结构,当剪力墙边缘构件竖向钢筋采用浆锚搭接连接时,房屋最大适用高度应比表 5-1 中数值降低 10 m。

超过表 5-1 内高度的房屋,应进行专门研究和论证,采取有效的加强措施。

5.2.2 最大高宽比

高层装配整体式混凝土结构的高宽比不宜超过表 5-2 的数值。

表 5-2 高层装配整体式混凝土结构适用的最大高宽比

结 构 类 型	抗震设防烈度	
	6 度、7 度	8 度
装配整体式框架结构	4	3
装配整体式框架-现浇剪力墙结构	6	5
装配整体式剪力墙结构	6	5
装配整体式框架-现浇核心筒结构	7	6

5.2.3 结构构件抗震等级

装配整体式混凝土结构构件的抗震设计,应根据设防类别、烈度、结构类型和房屋高度采用不同的抗震等级,并应符合相应的计算和构造措施要求。丙类装配整体式混凝土结构建筑的抗震等级应按表 5-3 确定。

表 5-3 丙类装配整体式混凝土结构建筑的抗震等级

结 构 类 别		抗震设防烈度							
		6 度		7 度			8 度		
装配整体式框架结构	高度/m	≤24	>24	≤24	>24		≤24	>24	
	框架	四	三	三	二		二	一	
	大跨度框架	三		二			一		
装配整体式框架-现浇剪力墙结构	高度/m	≤60	>60	≤24	>24且≤60	>60	≤24	>24且≤60	>60
	框架	四	三	四	三	二	三	二	一
	剪力墙	三	三	三	二	二	二	二	一
装配整体式框架-现浇核心筒结构	框架	三		二					
	核心筒	二		二					
装配整体式剪力墙结构	高度/m	≤70	>70	≤24	>24且≤70	>70	≤24	>24且≤70	>70
	剪力墙	四	三	四	三	二	三	二	一
装配整体式部分框支剪力墙结构	高度/m	≤70	>70	≤24	>24且≤70	>70	≤24	>24且≤70	
	现浇框支框架	二	二	二	二	二	一	一	
	底部加强部位剪力墙	三	二	三	二	二	一	一	
	其他区域剪力墙	四	三	四	三	二	三	二	

注:1. 大跨度框架指跨度不小于 18 m 的框架;
　　2. 高度不超过 60 m 的装配整体式框架-现浇核心筒结构按装配整体式框架-现浇剪力墙的要求设计时,应按表中装配整体式框架-现浇剪力墙结构的规定确定其抗震等级。

95

甲类、乙类建筑应按本地区抗震设防烈度提高一度的要求加强其抗震措施,但抗震设防烈度为 8 度时应按比 8 度更高的要求采取抗震措施;当建筑场地为 I 类时,应允许仍按本地区抗震设防烈度的要求采取抗震构造措施。

丙类建筑设计中,当建筑场地为 I 类时,除 6 度外,应允许按本地区抗震设防烈度降低一度的要求采取抗震构造措施。

当建筑场地为 Ⅲ、Ⅳ 类时,对设计基本地震加速度为 $0.15g$ 的地区,宜按抗震设防烈度为 8 度($0.20g$)时各类建筑的要求采取抗震构造措施。

5.2.4 弹性层间位移角限值

弹性层间位移角是楼层内最大弹性层间位移与层高的比值。在风荷载或多遇地震作用下,结构楼层内最大的弹性层间位移角应符合表 5-4 的规定。

表 5-4 弹性层间位移角限值

结构类型	弹性层间位移角限值
装配整体式框架结构	1/550
装配整体式框架-现浇剪力墙结构、装配整体式框架-现浇核心筒结构	1/800
装配整体式剪力墙结构、装配整体式部分框支剪力墙结构	1/1 000

5.2.5 等同现浇设计

(1)当预制构件之间采用后浇带连接且接缝构造及承载力满足现行标准与规范的相应要求时,可按现浇混凝土结构进行模拟。

装配式混凝土结构中,存在等同现浇的湿式连接节点,也存在非等同现浇的湿式或者干式连接节点。对于现行标准与规范中列入的各种现浇连接接缝构造,如框架节点梁端接缝、预制剪力墙竖向接缝等,已经有了很充分的试验研究,当其构造及承载力满足现行标准中的相应要求时,均能够实现等同现浇的要求,因此弹性分析模型可按照等同于连续现浇的混凝土结构来模拟。

(2)对于现行标准与规范中未包含的连接节点及接缝形式,应按照实际情况模拟。

对于现行标准与规范中未列入的节点及接缝构造,当有充足的试验依据表明其能够满足等同现浇的要求时,可按照连续的混凝土结构进行模拟,不考虑接缝对结构刚度的影响。所谓充足的试验依据是指,对连接构造及采用此构造连接的构件,在常用参数(如构件尺寸、配筋率等)、各种受力状态下(如弯、剪、扭或复合受力、静力及地震作用)的受力性能均进行过试验研究,试验结果能够证明其与同样尺寸的现浇构件具有基本相同的承载力、刚度、变形能力、延性、耗能能力等方面的性能水平。

对于干式连接节点,一般应根据其实际受力状况模拟为刚接、铰接或者半刚接节点。如梁、柱之间采用牛腿、企口搭接,其钢筋不连接时,则模拟为铰接点;如梁、柱之间采用后张预应力压紧连接或螺栓压紧连接,一般应模拟为半刚接节点。计算模型中应包含连接节点,并准确计算出节点内力,以进行节点连接件及预埋件的承载力复核。连接的实际刚度可通过试验或者有限元分析获得。

5.2.6 其他

高层建筑装配整体式混凝土结构应符合下列规定：

(1)宜设置地下室，地下室宜采用现浇混凝土；地下室顶板作为上部结构的嵌固部位时，宜采用现浇混凝土以保证其嵌固作用。对嵌固作用没有直接影响的地下室结构件，当有可靠依据时，也可采用预制混凝土。

震害调查表明，有地下室的高层建筑破坏比较轻，而且有地下室对提高地基的承载力有利；高层建筑设置地下室，可以提高其在风、地震作用下的抗倾覆能力。因此，高层建筑装配整体式混凝土结构宜设置地下室。

(2)剪力墙结构和部分框支剪力墙结构底部加强部位宜采用现浇混凝土。

高层建筑装配整体式剪力墙结构和部分框支剪力墙结构的底部加强部位是结构抵抗罕遇地震的关键部位。弹塑性分析和实际震害调查均表明，底部墙肢的损伤往往较上部墙肢严重，因此对底部墙肢的延性和耗能能力的要求较上部墙肢高。目前，高层建筑装配整体式剪力墙结构和部分框支剪力墙结构的预制剪力墙竖向钢筋连接接头面积百分率通常为 100%，其抗震性能尚无实际震害经验，对其抗震性能的研究以构件试验为主，整体结构试验研究偏少。剪力墙墙肢的主要塑性发展区域采用现浇混凝土有利于保证结构整体抗震能力，因此，高层建筑剪力墙结构和部分框支剪力墙结构的底部加强部位的竖向构件宜采用现浇混凝土。

(3)框架结构的首层柱宜采用现浇混凝土，顶层宜采用现浇楼盖结构。

高层建筑装配整体式框架结构，首层的剪切变形远大于其他各层。震害调查表明，首层柱底出现塑性铰的框架结构，其倒塌的可能性大。试验研究表明，预制柱底的塑性铰与现浇柱底的塑性铰有一定的差别。在目前设计和施工经验尚不充分的情况下，高层建筑框架结构的首层柱宜采用现浇柱，以保证结构的抗地震倒塌能力。

(4)底部加强部位的剪力墙、框架结构的首层柱采用预制混凝土时，应采取可靠的技术措施。

当高层建筑装配整体式剪力墙结构和部分框支剪力墙结构的底部加强部位及框架结构首层柱采用预制混凝土时，应进行专门研究和论证，采取特别的加强措施，严格控制构件加工和现场施工质量。在研究和论证过程中，应重点提高连接接头性能，优化结构布置和构造措施，提高关键构件和部位的承载能力，尤其是柱底接缝与剪力墙水平接缝的承载能力，确保实现"强柱弱梁"的目标，并对大震作用下首层柱和剪力墙底部加强部位的塑性发展程度进行控制。必要时应进行试验验证。

(5)结构转换层宜采用现浇楼盖。屋面层和平面受力复杂的楼层宜采用现浇楼盖。采用叠合楼盖时，需提高后浇混凝土叠合层的厚度和配筋要求，楼板的后浇混凝土叠合层厚度不应小于 100 mm，且后浇层内应采用双向通长配筋，钢筋直径不宜小于 8 mm，间距不宜大于 200 mm，同时叠合楼板应设置桁架钢筋。

5.3 设备与管线设计 ··

5.3.1 一般规定

设备与管线系统是指由给水排水、供暖通风空调、电气等设备与管线组合而成，满足建筑使用功能的整体。

目前的建筑,尤其是住宅建筑,一般均将设备管线埋在楼板现浇混凝土或墙体中,把使用年限不同的主体结构和管线设备混在一起建造。若干年后,大量建筑虽然主体结构尚可,但装修和设备等早已老化,改造更新困难,甚至不得不拆除重建,缩短了建筑使用寿命。因此,装配式混凝土建筑的设备与管线宜与主体结构相分离,应方便维修更换,且不应影响主体结构安全。这种将设备与管线设置在结构系统之外的方式称为管线分离,如图 5-1 所示。

图 5-1　管线分离

装配式混凝土建筑的设备与管线宜采用集成化技术进行标准化设计,当采用集成化新技术、新产品时应有可靠依据。设备与管线应合理选型,准确定位。设备与管线设计应与建筑设计同步进行,预留预埋应满足结构专业相关要求。装配式混凝土建筑的设备与管线设计宜采用建筑信息模型(BIM)技术。在结构深化设计以前,可以采用包含 BIM 在内的多种技术手段开展三维管线综合设计,对各专业管线在预制构件上预留的套管、开孔、开槽位置尺寸进行综合及优化,形成标准化方案,并做好精细设计以及定位,避免错漏碰缺,尽量降低生产及施工成本,减少现场返工。不得在安装完成后的预制构件上剔凿沟槽、打孔开洞。穿越楼板管线较多且集中的区域可采用现浇楼板。

装配式混凝土建筑的部品与配管连接、配管与主管道连接及部品间连接应采用标准化接口,且应方便安装及使用维护。

装配式混凝土建筑的设备与管线宜在架空层或吊顶内设置。公共管线、阀门、检修口、计量仪表、电表箱、配电箱、智能化配线箱等,应统一集中设置在公共区域。设备与管线穿越楼板和墙体时,应采取防水、防火、隔声、密封等措施。

5.3.2　给水排水

装配式混凝土建筑冲厕宜采用非传统水源。当市政中水条件不完善时,居住建筑冲厕用水可采用模块化户内中水集成系统,同时应做好防水处理。

装配式混凝土建筑给水系统设计应符合下列规定:

(1)给水系统配水管道与部品的接口形式及位置应便于检修更换,并应采取措施避免结构或温度变形对给水管道接口产生影响。

(2)给水分水器与用水器具的管道接口应一对一连接,在架空层或吊顶内敷设时,中间不得有连接配件,分水器设置位置应便于检修,并宜有排水措施。

(3)宜采用装配式的管线及其配件连接。

(4)敷设在吊顶或楼地面架空层的给水管道应采取防腐蚀、隔声减噪和防结露等措施。

在建筑排水系统中,器具排水管及排水支管不穿越本层结构楼板到下层空间、与卫生器具同层敷设并接入排水立管的排水方式,称为同层排水,如图 5-2 所示。

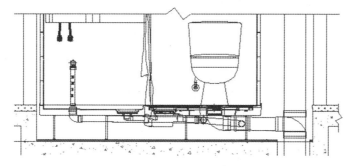

图 5-2　同层排水示意图

相对于传统的隔层排水处理方式,同层排水方案最根本的理念改变是通过本层内的管道合理布局,彻底摆脱了相邻楼层的束缚,避免了由于排水横管侵占下层空间而造成的一系列麻烦和隐患,包括产权不明晰、噪声干扰、渗漏、空间局限等。同层排水是卫生间排水系统采用的一种新颖技术,排水管道在本层内敷设,采用了一个共用的水封管配件代替诸多的弯管,整体结构合理,所以不易发生堵塞,而且容易清理、疏通,用户可以根据自己的爱好和意愿,个性化地布置卫生间洁具的位置。

装配式混凝土建筑的排水系统宜采用同层排水技术,同层排水管道敷设在架空层时,宜设积水排出措施。采用此种设计方法需在卫生间集中降板,做架空处理,有效减少结构墙体与内装部品之间的安装误差,实现内装整体部品定制生产。

装配式混凝土建筑应选用耐腐蚀、使用寿命长、降噪性能好、便于安装及维修的管材、管件,以及连接可靠、密封性能好的管道阀门设备。

5.3.3　电气和智能化

装配式混凝土建筑的电气和智能化设备与管线的设计,应满足预制构件工厂化生产、施工安装及使用维护的要求。

装配式混凝土建筑的电气和智能化设备与管线设置及安装应符合下列规定:

(1)电气和智能化系统的竖向主干线应在公共区域的电气竖井内设置。

(2)配电箱、智能化配线箱不宜安装在预制构件上。

(3)当大型灯具、桥架、母线、配电设备等安装在预制构件上时,应采用预留预埋件固定。

(4)设置在预制构件上的接线盒、连接管等应做预留,出线口和接线盒应准确定位。

(5)不应在预制构件受力部位和节点连接区域设置孔洞及接线盒,隔墙两侧的电气和智能化设备不应直接连通设置。

装配式混凝土建筑的防雷设计应符合下列规定:

①当利用预制剪力墙、预制柱内的部分钢筋作为防雷引下线时,预制构件内作为防雷引下线的钢筋应在构件接缝处做可靠的电气连接,并在构件接缝处预留施工空间及条件,连接部位应有永久性明显标记。

②建筑外墙上的金属管道、栏杆、门窗等金属物需要与防雷装置连接时,应与相关预制构件内部的金属件连接成电气通路。

③设置等电位连接的场所,各构件内的钢筋应做可靠的电气连接,并与等电位连接箱连通。

5.3.4 供暖、通风、空调及燃气

装配式混凝土建筑应采用适宜的节能技术,维持良好的热舒适性,降低建筑能耗,减少环境污染,并充分利用自然通风。其通风、供暖和空调等设备均应选用能效比高的节能型产品以降低能耗。

供暖系统宜采用适宜于干式工法施工的低温地板辐射供暖产品。但集成式卫浴和同层排水的架空地板下面由于有很多给水和排水管道,为了方便检修,不建议采用地板辐射供暖方式,宜采用散热器供暖。

当墙板或楼板上安装供暖与空调设备时,其连接处应采取加强措施。当采用散热器供暖系统时,散热器安装应牢固可靠:安装在轻钢龙骨隔墙上时应采用隐形支架固定在结构受力件上;安装在预制复合墙体上时,其挂件应预埋在实体结构中,挂件应满足刚度要求;当采用预留孔洞安装散热器挂件时,预留孔洞的深度应不小于 120 mm。

5.4 内装系统设计

5.4.1 一般规定

内装系统是指由楼地面、墙面、轻质隔墙、吊顶、内门窗、厨房和卫生间等组合而成,满足建筑空间使用要求的整体。

1.一体化协同设计

装配式混凝土建筑的内装设计应遵循标准化设计和模数协调的原则,宜采用建筑信息模型(BIM)技术与结构系统、外围护系统、设备管线系统进行一体化设计。目前建筑行业的工作模式,都是先进行建筑各专业的设计,之后再进行内装设计。这种模式使得后期的内装设计经常要对建筑设计的图纸进行修改和调整,造成施工时的拆改和浪费。因此,装配式混凝土建筑的内装系统应与建筑各专业进行协同设计。

2.管线分离

装配式混凝土建筑的内装设计,应满足内装部品的连接、检修更换和设备及管线使用年限的要求,宜采用管线分离。从实现建筑长寿化和可持续发展理念出发,内装与主体结构设备管线分离,是为了使长寿命的结构与短寿命的内装、机电管线之间取得协调,避免设备管线和内装的更换维修对长寿命的主体结构造成破坏,影响结构的耐久性。

3.干式工法

干式工法是指采用干作业施工的建造方法。现场采用干作业施工工艺的干式工法是装配式建筑的核心内容。我国传统建造现场具有湿作业多、施工精度差、工序复杂、建造周期长、依赖现场工人水平和施工质量难以保证等问题,采用干式工法作业可实现高精度、高效率和高品质。干式工法地面施工工艺如图 5-3 所示。

4.装配式装修

采用干式工法,将工厂生产的内装部品在现场进行组合安装的装修方式,称为装配式装修。

图 5-3　干式工法地面施工工艺

装配式混凝土建筑宜采用工业化生产的集成化部品进行装配式装修。推进装配式装修是推动装配式建筑发展的重要方向。采用装配式装修的设计建造方式具有 5 个方面优势：

①部品在工厂制作，现场采用干式作业，可以最大限度保证产品质量和性能。

②提高劳动生产率，节省大量人工和管理费用，大大缩短建设周期，从而降低生产成本，综合效益明显。

③节能环保，减少原材料的浪费，施工现场大部分为干式工法，减少噪声、粉尘和建筑垃圾等污染。

④便于维护，降低后期运营维护的难度，为部品更换创造可能。

⑤工业化生产的方式可以有效解决施工生产的尺寸误差和模数接口问题。

5. 全装修

全装修是指所有功能空间的固定面装修和设备设施全部安装完成，达到建筑使用功能和建筑性能的状态。全装修强调建筑的功能和性能的完备性。装配式建筑的最低要求应该定位在具备完整功能的成品形态，不能割裂结构、装修，底线是交付成品建筑。推进全装修，有利于提升装修集约化水平，提高建筑性能和消费者的生活质量，带动相关产业发展。全装修是房地产市场成熟的重要标志，是与国际接轨的必然发展趋势，也是推进我国建筑产业健康发展的重要路径。

6. 其他

装配式混凝土建筑的内装部品与室内管线应与预制构件的深化设计紧密配合，预留接口位置应准确到位。

装配式混凝土建筑应在内装设计阶段对部品进行统一编号，在生产、安装阶段按编号实施。

5.4.2　内装部品设计选型

装配式混凝土建筑应在建筑设计阶段对轻质隔墙系统、吊顶系统、楼地面系统、墙面系统、集成式厨房、集成式卫生间、内门窗等进行部品设计选型。装配式建筑的内装设计与传统内装设计的区别之一就是部品选型的概念，部品是组成装配式建筑的基本单元，具有标准化、系列化、通用化的特点。装配式建筑的内装设计更注重通过对标准化、系列化的内装部品选型来实现内装的功能和效果。

内装部品应与室内管线进行集成设计，并应满足干式工法的要求。内装部品应具有通用性和互换性。采用管线分离时，室内管线通常敷设在墙、地面架空层、吊顶或轻质隔墙空腔内，对内装部品与室内管线进行集成设计，会提高部品集成度和安装效率，责任划分也更加明确。

1. 装配式隔墙、吊顶、楼地面

装配式隔墙、吊顶和楼地面是由工厂生产的具有隔声、防火、防潮等性能且满足空间功能和美学要求的部品集成,并主要采用干式工法装配而成的隔墙、吊顶和楼地面。装配式混凝土建筑宜采用装配式隔墙、吊顶和楼地面。墙面系统宜选用具有高差调平作用的部品,并应与室内管线进行集成设计。

轻质隔墙(见图5-4)系统宜结合室内管线的敷设进行构造设计,避免管线安装和维修更换对墙体造成破坏;应满足不同功能房间的隔声要求;应在吊挂空调、画框等部位设置加强板或采取其他可靠加固措施。

图 5-4 装配式轻质隔墙

吊顶系统设计应满足室内净高的需求,并宜在预制楼板(梁)内预留吊顶、桥架、管线等安装所需预埋件;应在吊顶内设备管线集中部位设置检修口。

楼地面系统宜选用集成化部品系统,并应保证楼地面系统的承载力满足空间使用要求。为实现管线分离,装配式混凝土建筑宜设置架空地板系统。架空地板系统宜设置减振构造。架空地板系统的架空高度应根据管径尺寸、敷设路径、设置坡度等确定,并应设置检修口。在住宅建筑中,应考虑设置架空地板对住宅层高的影响。

发展装配式隔墙、吊顶和楼地面部品技术,是我国装配化装修和内装产业化发展的主要内容。以轻钢龙骨石膏板体系的装配式隔墙、吊顶为例,其主要特点如下:

①干式工法,实现建造周期缩短60%以上。

②减少室内墙体占用面积,提高建筑的得房率。

③防火、保温、隔声、环保及安全性能全面提升。

④资源再生,利用率在90%以上。

⑤方便空间重新分割。

⑥健康环保性能提高,可有效调整湿度,增加舒适感。

2. 集成式厨卫

集成式厨房是指由工厂生产的楼地面、吊顶、墙面、橱柜和厨房设备及管线等集成,并主要采用干式工法装配而成的厨房。集成式卫生间是指由工厂生产的楼地面、墙面(板)、吊顶和洁具设备及管线等集成,并主要采用干式工法装配而成的卫生间。集成式厨房、集成式卫生间是装配式建筑装饰装修的重要组成部分,其设计应按照标准化、系统化原则,并符合干式工法施工的要求,在制作和加工阶段全部实现装配化。集成式厨房设计时应合理设置洗涤池、灶具、操作台、排油烟机等设施，并预留厨房电气设施的位置和接口；应预留燃气热水器及排烟管道的安装及留孔条件；给水排水、燃气管线等应集中设置、合理定位，并在连接处设置检修口。集成式卫生间宜采用干湿分离的布置方式，湿区可采用标准化整体卫浴产品。集成式卫生间应综合考虑洗衣机、排气扇（管）、暖风机等的设置，并应在给水排水、电气管线等连接处设置检修口。

5.4.3　接口与连接

1. 标准化接口

标准化接口是指具有统一的尺寸规格与参数，并满足公差配合及模数协调的接口。在装配式建筑中，接口主要是两个独立系统、模块或者部品部件之间的共享边界。接口的标准化，可以实现部品的通用性以及互换性。

装配式混凝土建筑的内装部品应具有通用性和互换性。采用标准化接口的内装部品，可有效避免出现不同内装部品系列接口的非兼容性。在内装部品的设计上，应严格遵守标准化、模数化的相关要求，提高部品之间的兼容性。

2. 连接

装配式混凝土建筑的内装部品、室内设备管线与主体结构的连接应符合相关规定，在设计阶段宜明确主体结构的开洞尺寸及准确定位。连接宜采用预留预埋的安装方式；当采用其他安装固定方法时，不应影响预制构件的完整性与结构安全。内装部品接口应做到位置固定，连接合理，拆装方便，使用可靠。

轻质隔墙系统的墙板接缝处应进行密封处理。隔墙端部与结构系统应有可靠连接。门窗部品收口部位宜采用工厂化门窗套。集成式卫生间采用防水底盘时，防水底盘的固定安装不应破坏结构防水层；防水底盘与壁板、壁板与壁板之间应有可靠连接设计，并保证水密性。

103

5.5　深化设计

装配式混凝土建筑深化设计，是指在设计单位提供的施工图的基础上，结合装配式混凝土建筑特点以及参建各方的生产和施工能力，对图纸进行细化、补充和完善，制作能够直接指导预制构件生产和现场安装施工的图纸，并经原设计单位签字确认后使用。装配式混凝土建筑深化设计也被称为二次设计；用于指导预制构件生产的深化设计也被称为构件拆分设计，如图5-5所示。

预制构件深化
设计要点

5.5.1　深化设计的基本原则

（1）应满足建设、制作、施工各方需求，加强与建筑、结构、设备、装修等专业的配合，方便工厂制作和现场安装。

（2）结构方案及设计方法应满足现行国家规范和标准的规定。

（3）应采取有效措施加强结构整体性。

（4）装配式混凝土结构宜采用高强混凝土、高强钢筋。

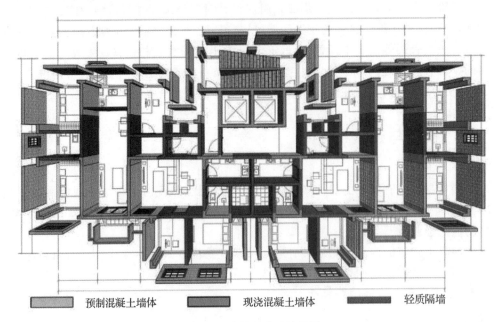

预制混凝土墙体　　　　现浇混凝土墙体　　　　轻质隔墙

图 5-5　构件拆分设计示例

（5）装配式混凝土结构的节点和接缝应受力明确、构造可靠，并应满足承载力、延性和耐久性等要求。

（6）应根据连接节点和接缝的构造方式和性能，确定结构的整体计算模型。结构设计提倡湿法连接，少用干法连接，但对别墅类建筑可用干法连接以提高工作效率。

（7）当建筑结构超限时，不建议采用预制装配的建造方式；如必须采用，其建造方案需经专家论证。

5.5.2　深化设计的内容

装配式混凝土结构工程施工前，应由相关单位完成深化设计，并经原设计单位确认。预制构件的深化设计图应包括但不限于下列内容：

（1）预制构件模板图、配筋图、预埋吊件及各种预埋件的细部构造图等。

（2）夹芯保温外墙板，应绘制内、外叶墙板拉结件布置图及保温板排板图。

（3）水、电线、管、盒预埋预设布置图。

（4）预制构件脱模、翻转过程中混凝土强度及预埋吊件的承载力的验算。

（5）节能保温设计图。

（6）面层装饰设计图。

（7）对带饰面砖或饰面板的构件，应绘制排砖图或排板图。

5.5.3　构件拆分要点

（1）预制构件的设计应满足标准化的要求，宜采用建筑信息模型（BIM）技术进行一体化设计，确保预制构件的钢筋与预留洞口、预埋件等相协调，简化预制构件连接节点施工。

（2）预制构件的形状、尺寸、质量等应满足制作、运输、安装等各环节的要求。

（3）预制构件的配筋设计应便于工厂化生产和现场连接。

（4）预制构件应尽量减少梁、板、墙、柱等预制结构构件的种类，保证模板能够多次重复使用，以降低造价。

（5）在构件安装过程中，钢筋是否对位直接影响构件的连接效率，故宜采用大直径、大间距的配筋方式，以便于现场钢筋的对位和连接。

5.5.4　构件拼接要求

（1）预制构件拼接部位的混凝土强度等级不应低于预制构件的混凝土强度等级。

（2）预制构件的拼接位置宜设置在受力较小部位。

（3）预制构件的拼接应考虑温度作用和混凝土收缩徐变的不利影响，宜适当增加构造配筋。

5.5.5　深化设计流程

装配式混凝土建筑深化设计的流程大致为：整体策划→方案设计→施工图设计→图纸审查。

1. 整体策划

对工程所在地建筑产业化的发展程度、政府要求以及项目案例等进行调查研究，与项目参建各方充分沟通，了解建筑物或建筑物群的基本信息、结构体系及项目实施的目标要求，并掌握现阶段预制构件制作水平、工人操作与安装技术水平等。结合以上信息，确定工程的装配率、构件类型、结构体系等。

2. 方案设计

方案设计的质量对项目设计起着决定性的作用。为保证项目设计质量，要十分注重方案设计各环节的质量控制，从而在设计初期为设计质量奠定良好的基础。方案设计对于装配式建筑设计尤其重要，除应满足有关设计规范要求外，还必须考虑装配式构件生产、运输、安装等环节的问题，并为结构设计创造良好的条件。

装配式混凝土结构方案设计质量控制主要有以下几个方面：

①在方案设计阶段，各专业应充分配合，结合建筑功能与造型，规划好建筑各部位拟用的工业化、标准化预制混凝土构配件。在总体规划中，应考虑构配件的制作和堆放，以确定起重运输设备服务半径所需空间。

②在满足建筑使用功能的前提下，采用标准化、系列化设计方法，满足体系化设计要求，充分考虑构配件的标准化、模数化，使建筑空间尽量符合模数要求，建筑造型尽量规整，避免异形构件和特殊造型，通过不同单元的组合达到丰富立面效果的目的。

③平面设计上，宜简单、对称、规则，不应采用严重不规则的平面布置，宜采用大开间、大进深的平面布局。

承重墙、柱等竖向构件宜上下连续，门窗洞口宜上下对齐、成列布置，平面位置和尺寸应满足结构受力及预制构件设计要求，剪力墙结构不宜用于转角处。厨房与卫生间的平面布置应合理，其平面尺寸宜满足标准化整体橱柜及整体卫浴的要求。

④外墙设计应满足建筑外立面多样化和经济、美观的要求。外墙饰面宜采用耐久、无污染的材料。采用反打一次成型的外墙饰面材料，其规格尺寸、材质类别、连接构造等应进行工艺试验验证。空调板宜集中布置，并宜与阳台合并设置。

⑤方案设计时，应遵守模数协调的原则，做到建筑与部品模数协调、部品之间模数协调以及

部品可集成化和工业化生产,实现土建与装修在模数协调原则下的一体化,并做到装修一次性到位。

⑥构件的尺寸、类型等应结合当地生产实际确定,并考虑运输设备、运输路线、吊装能力等因素,必要的时候进行经济性测算和方案比选。另外,应因地制宜积极采用新材料、新产品和新技术。

⑦设计优化。设计方案完成后应组织各个层面的人员进行方案会审:首先是设计单位内部,包括各专业负责人、专业总工等;其次是建设单位、使用单位、项目管理单位以及构配件生产厂家、设备生产厂家等,必要时组织专家评审会;再次由各个层面的人分别从不同的角度对设计方案提出优化的意见;最后,设计方案应报当地规划管理部门审批并公示。

3. 施工图设计

施工图设计工作量大,期限长,内容广。深化设计中施工图设计文件作为项目设计的最终成果和项目后续阶段建设实施的直接依据,体现着设计过程的整体质量水平,设计文件编制深度以及完整、准确程度等要求均高于方案设计和初步设计。施工图设计文件要在一定投资限额和进度下满足设计质量目标要求,并经审图机构和政府相关主管部门审查。因此,施工图设计阶段的质量控制工作尤为重要。

装配式混凝土结构施工图设计质量控制主要有以下几个方面:

①施工图设计应根据批准的初步设计编制,不得违反初步设计的设计原则和方案。

②施工图设计文件编制深度应满足《建筑工程设计文件编制深度规定》的要求,满足设备材料采购、非标准设备制作和施工的需要,以及满足编制施工图预算的需要,并作为项目后续阶段建设实施的依据。对于装配式结构工程,施工图设计文件还应满足进行预制构配件生产和施工深化设计的需要。

③解决建筑、结构、设备、装修等专业之间的冲突或矛盾,做好各专业工种之间的技术协调。建筑的部件之间、部件与设备之间的连接应采用标准化接口。对设备管线应进行综合设计,减少平面交叉;竖向管线宜集中布置,并应满足维修更换的要求。

④施工图设计文件是构件生产和施工安装的依据,必须保证它的可施工性。否则,在项目开展的过程中容易导致施工困难等问题,甚至影响项目的正常实施。可以采取构件生产厂家和施工单位提前介入、参与设计讨论的方式,确保施工图纸的可实施性。

⑤采用BIM技术。采用BIM技术进行构件设计,可模拟生产、安装、施工,进行碰撞检查,提前发现设计中存在的问题。

4. 图纸审查

我国强制执行施工图设计文件审查制度。施工图完成后必须经施工图审查机构按照有关法律、法规,对施工图涉及公共利益、公众安全和工程建设强制性标准的内容进行审查。施工图未经审查合格的,不得使用。从事房屋建筑工程、市政基础设施工程施工、监理等活动,以及实施对房屋建筑和市政基础设施工程质量安全监督管理,应当以审查合格的施工图为依据。涉及建筑功能改变、结构安全及节能改变的重大变更应重新送审图机构进行审查。

施工图审查机构应对装配式混凝土建筑的结构构件拆分及节点连接设计、装饰装修及机电安装预留预埋设计、重大风险源专项设计等涉及结构安全和主要使用功能的关键环节进行重点审查。对施工图设计文件中采取的新技术、超限结构体系等涉及工程结构安全且无国家和地方技术标准的,应当由设区市及以上建设行政主管部门组织专家评审,出具评审意见,施工图审查机构应当依据评审意见和有关规定进行审查。

课后练习

一、单选题

1.《装配式混凝土建筑技术标准》(GB/T 51231—2016)适用于抗震设防烈度为（　　）地区装配式混凝土建筑的设计、生产运输、施工安装和质量验收。

A. 6 度及 6 度以下　　　　　　　　　　B. 7 度及 7 度以下

C. 8 度及 8 度以下　　　　　　　　　　D. 9 度及 9 度以下

2. 下列关于装配式混凝土建筑平面设计的规定错误的是（　　）。

A. 应采用大开间大进深、空间灵活可变的布置方式

B. 平面布置应规划，承重构件布置应上下错开，使受力均匀

C. 设备与管线宜集中设置

D. 应进行综合设计

3. 某地区抗震设防烈度为 8 度，则此地区装配整体式剪力墙结构的最大高宽比是（　　）。

A. 3　　　　　　　　B. 4　　　　　　　　C. 5　　　　　　　　D. 6

4. 下列对装配式混凝土结构平面布置、竖向布置的要求，不正确的是（　　）。

A. 平面形状宜简单、规则、对称

B. 平面长度不宜过长，突出部分的长度不宜过小

C. 平面不宜采用角部重叠或细腰形平面布置

D. 竖向布置应避免抗侧力结构的侧向刚度和承载力沿竖向突变

5. 装配整体式剪力墙结构和装配整体式部分框支剪力墙结构，在规定的水平力作用下，当预制剪力墙构件底部承担的总剪力大于该层总剪力的（　　）％时，其最大适用高度应适当降低。

A. 40　　　　　　　B. 50　　　　　　　C. 60　　　　　　　D. 80

6. 下列关于装配整体式剪力墙结构说法错误的是（　　）。

A. 应沿两个方向布置剪力墙

B. 剪力墙的平面布置宜简单、规则

C. 预制墙的门窗洞口宜上下对齐、成列布置

D. 抗震等级为三级的剪力墙底部加强部位采用错洞墙

7. 当抗震设防烈度为 7 度时，双面叠合剪力墙房屋的最大适用高度应为（　　）m。

A. 90　　　　　　　B. 80　　　　　　　C. 60　　　　　　　D. 50

8. 抗震设防烈度为 6 度的多层装配式墙板结构的最大适用层数是（　　）。

A. 7　　　　　　　　B. 8　　　　　　　　C. 9　　　　　　　　D. 10

9. 某地区抗震设防烈度为 8 度(0.20g)，在装配整体式剪力墙结构中，当剪力墙边缘构件竖向钢筋采用浆锚搭接连接且预制剪力墙构件底部承担的总剪力大于该层总剪力的 80％时，房屋最大适用高度为（　　）m。

A. 70　　　　　　　B. 80　　　　　　　C. 90　　　　　　　D. 100

10. 抗震设防烈度为 8 度(0.20*g*)时,多层装配式墙板结构适用的最大高宽比是(　　)。

A. 3.5　　　　　　B. 3　　　　　　　C. 2.5　　　　　　D. 2

11. 抗震设防烈度为 7 度时,多层装配式墙板结构的最大适用高度是(　　)m。

A. 100　　　　　　B. 80　　　　　　C. 70　　　　　　　D. 24

12. 柔性连接的预制混凝土结构设计原则与现浇结构有很大的不同,符合(　　)的抗震设计思想。

A. 小震不坏　　　　B. 基于性能　　　　C. 中震可修　　　　D. 大震不倒

13. 装配整体式框架结构房屋非抗震设计适用的最大高度为(　　)m。

A. 150　　　　　　B. 140　　　　　　C. 120　　　　　　D. 70

14. 预制构件深化设计过程中,设计变更须经(　　)审核批准后才能实施。

A. 原施工图设计单位　　　　　　　　　B. 总承包单位

C. 业主及监理单位　　　　　　　　　　D. 业主聘请的设计咨询单位

15. 在《装配式混凝土结构技术规程》中多层剪力墙结构设计适用于不高于(　　)层、建筑设防类别为(　　)的建筑。

A. 5、甲类　　　　B. 5、乙类　　　　C. 6、甲类　　　　D. 6、丙类

16. 装配整体式框架-现浇剪力墙结构房屋非抗震设计适用的最大高度为(　　)。

A. 150 m　　　　　B. 120 m　　　　　C. 100 m　　　　　D. 80 m

二、多选题

1. 抗震设防烈度为 6 度的地区,房屋高度为(　　)可采用装配整体式框架结构形式。

A. 40 m　　　　　　　　B. 50 m　　　　　　　C. 60 m

D. 65 m　　　　　　　　E. 70m

2. 装配整体式混凝土结构构件的抗震设计采用不同抗震等级的依据有(　　)。

A. 房屋高宽比　　　　B. 设防类别　　　　C. 设防烈度

D. 结构类型　　　　　E. 房屋高度

3. 下列关于装配式混凝土建筑的电气和智能化设备与管线设置及安装的说法错误的是(　　)。

A. 电气和智能化系统的竖向主干线在公共区域的电气竖井内设置

B. 配电箱、智能化配线箱宜安装在预制构件上

C. 当大型灯具、桥架等安装在预制构件上时,应采用预留预埋件固定

D. 设置在预制构件上的接线盒、连接管等应做预留,出线口和接线盒应准确定位

E. 应在预制构件受力部位和节点连接区域设置孔洞及接线盒,隔墙两侧的电气和智能化设备应直接连通设置

4. 建筑设计过程中应充分考虑的要求包括(　　)。

A. 符合建筑功能要求,性能不低于现浇结构

B. 平面、立面布置模数化、标准化、少规格、多组合

C. 充分考虑构配件加工制作、安装等环节要求

D.尽量体现方便维修、更换、改造要求

E.专业协同,建筑外装和内装只需完成一项

5.建筑设计中哪些性能应符合节能要求?(　　　)。

A.体型系数　　　　　　　　B.建筑高宽比　　　　　　　　C.绿化率

D.窗墙面积比　　　　　　　E.围护结构的热工性能

三、判断题

1.房屋高度指室外地面到主要屋面的高度,也包括局部突出屋顶的部分。(　　　)

2.一般情况下,装配整体式框架结构可按现浇混凝土框架结构进行设计。(　　　)

3.对抗震等级为四级的装配整体式框架结构可不进行梁柱节点核心区抗震受剪承载力验算。(　　　)

4.抗震设防烈度为7度时多层装配式墙板结构的最大高宽比是3。(　　　)

5.平面受力复杂的楼层可采用叠合楼盖。(　　　)

6.在抗震设防烈度为9度时,高层钢筋混凝土剪力墙结构和高层装配整体式剪力墙结构使用的最大高宽比一致。(　　　)

7.装配整体式框架结构设计的总体思路是等同现浇,与现浇混凝土框架结构整体分析及构件设计方法相同。(　　　)

8.预制构件合理的接缝位置以及尺寸和形状的设计对建筑功能、建筑平立面、结构受力情况、预制构件承载能力、工程造价等会产生一定的影响,同时应尽量增加预制构件的种类,以方便进行质量控制。(　　　)

9.多层装配式墙板结构中,结构抗震等级在抗震设防烈度为8度时取三级,抗震设防烈度为6度、7度时取四级。(　　　)

四、简答题

1.装配式混凝土建筑的房屋最大适用高度应满足哪些规定?

2.高层建筑装配整体式混凝土结构对地下室和底部楼层有哪些要求?

3.装配式混凝土建筑对内装系统设计有哪些规定?

4.简述装配式混凝土建筑深化设计的基本原则。

Chapter 6

项目6 装配式混凝土建筑施工技术

　　装配式混凝土建筑是将工厂生产的预制混凝土构件运输到现场,经吊装、装配、连接,结合部分现浇而形成的混凝土结构。装配式混凝土建筑在工地现场的施工安装核心工作主要包括三部分,即构件的安装、连接以及现浇部分的工作。这三部分工作体现的质量和流程管控要点是装配式混凝土结构施工质量保证的关键。

6.1 施工技术发展历程

　　装配式混凝土结构施工安装是装配式建筑建设过程的重要组成部分,伴随着建设材料预制方式、施工机械和辅助工具的发展而不断进步。从施工安装的大概念来讲,人类主要经历了三个阶段,即人工加简易工具阶段,人工、系统化工具加辅助机械阶段,以及人工、系统化工具加自动化设备阶段。

　　第一个阶段在中西方建筑史上都有非常典型的例子,中国古代的木结构建筑的安装、石头与木结构的混合安装、孔庙前巨型碑林的安装,西方的石头建筑的安装等,都是典型的案例。这一阶段的主要特征是,建筑主要靠人力组织、人工加工后的材料,用现有资源加工出工具,借助自然界的地形地势辅以大量的劳力施工安装而成,尚没有大型施工机械。

　　第二个阶段是伴随着工业革命、机械化进程而发展来的,这个阶段人类开始使用系统化金属工具,借助大、小型机械作业,建筑施工安装的效率得到飞速的提升,这个阶段一直延续到今天。我们今天所说的装配式混凝土结构的施工安装其实就处于这个阶段。这个阶段按照人工和机械的使用占比可细分为初级、中级和高级阶段。

　　第三个阶段的进步在于自动化技术的引入,即人类应用智能机械、信息化技术于建筑安装工程中,这在目前属于前沿地带(智能机械、信息化技术如今只是应用于一些特殊工程中),是未来发展方向。

　　装配式混凝土结构施工安装的发展是人类在已有的建筑施工经验基础上,随着混凝土预制技术的发展而不断进步得来的。20世纪初,西方工业国家在钢结构领域积累了大量的施工安装经验,随着预制混凝土构件的发明和出现,一些装配式的施工安装方法也被延伸到混凝土领域,比如早期的预制楼梯、楼板和梁的安装。第二次世界大战结束后,欧洲国家对于战后快速重建的需求,也促进了装配式混凝土结构的蓬勃发展,尤其是板式住宅建筑得到了大量的推广,与其相关联的施工安装技术也得到了发展。这个时期的特征是,各类预制构件采用钢筋环等作为起吊辅助。

真正意义上的工具式发展以及相关起吊连接件的标准化和专业化始于 20 世纪 80 年代,各类装配式混凝土结构的元素也开始多样化,其连接形式进入标准化的时代。这个时期,各类构件的起吊安装都有非常成熟的工法规定,比如预制框架结构的梁、柱、板的吊装和节点连接处理。从这个时期开始,相关企业专门编制起吊件和埋件的相关产品标准和使用说明。到了今天,西方的装配式混凝土结构的施工安装与 20 世纪 80 年代相比,在产品和工法上没有太多的变化,新的特征是功能的集成化、更加节能以及信息化技术的引入。

近年来,装配式混凝土结构施工发展取得较好成效,部分龙头企业经过多年研发、探索和实践积累,形成了与装配式建筑相匹配的施工工艺工法。在装配式混凝土结构项目中,主要采取的连接技术包括灌浆套筒连接和固定浆锚搭接。部分施工企业注重装配式建筑施工现场组织管理,生产施工效率、工程质量不断提升。越来越多的企业日益重视对项目经理和其他施工人员的培训,一些企业探索成立专业的施工队伍,承接装配式建筑项目。在装配式建筑发展过程中,一些施工企业注重延伸产业链条而发展壮大,正在由单一施工主体发展成为含有设计、生产、施工等板块的集团型企业。一些企业探索出施工与装修同步、穿插施工的生产组织方式实施模式,可有效缩短工期,降低造价。

装配式混凝土结构的施工技术虽然取得了一定进展,但是整体还处于百花齐放、各自为政的状态,需要进一步进行研发,并通过大量项目实践和积累来形成系统化的施工安装组织模式和操作工法。

6.2 施工准备工作

6.2.1 施工方法选择

装配式结构的安装方法主要有直接吊装法和储存吊装法两种,其特点对比如表 6-1 所示。

表 6-1 装配式结构常见安装方法对比

名　　称	说　明	特　点
直接吊装法	又称原车吊装法,将预制构件由生产场地按构件安装顺序配套运往施工现场,由运输工具直接向建筑物上安装	(1)可以减少构件的堆放设施,少占用场地; (2)要有严密的施工组织管理; (3)需用较多的预制构件运输车
储存吊装法	构件从生产场地按型号、数量配套,直接运往施工现场吊装机械工作半径范围内储存,然后进行安装。这是常用的方法	(1)有充分的时间做好安装前的施工准备工作,可以保证构件安装连续进行; (2)构件安装和构件卸车可分日、夜班进行,充分利用机械; (3)占用场地较多,需用较多的插放(或靠放)架

6.2.2 吊装机械及辅助设备选择

1.起重吊装机械

装配式混凝土工程应根据作业条件和要求,合理选择起重吊装机械。常用的起重吊装机械有塔式起重机、汽车起重机和履带式起重机。

1）塔式起重机

塔式起重机简称塔机、塔吊，是通过装设在塔身上的动臂旋转、动臂上小车沿动臂行走而实现起吊作业的起重设备，如图6-1所示。塔式起重机具有起重能力强、作业范围大等特点，广泛应用于建筑工程中。

建筑工程中，塔式起重机按架设方式分为固定式、轨道式、附着式和内爬式。其中，附着式塔式起重机是塔身沿竖向每间隔一段距离用锚固装置与近旁建筑物可靠连接的塔式起重机，如图6-2所示，目前高层建筑施工多采用附着式塔式起重机。对于装配式建筑，当采用附着式塔式起重机时，必须提前考虑附着锚固点的位置。附着锚固点应该选择在剪力墙边缘构件后浇混凝土部位，并考虑加强措施。

图6-1　塔式起重机

图6-2　附着式塔式起重机

2）汽车起重机

汽车起重机简称汽车吊，是装在普通汽车底盘或特制汽车底盘上的一种起重机，如图6-3所示，其行驶驾驶室与起重操纵室分开设置。这种起重机机动性好，转移迅速。在装配式混凝土工程中，汽车起重机主要用于低、多层建筑吊装作业，现场构件二次倒运，以及塔式起重机或履带式起重机的安装与拆卸等。使用时应注意，汽车起重机不得负荷行驶，不可在松软或泥泞的场地上工作，工作时必须伸出支腿并支稳。

3）履带式起重机

履带式起重机是将起重作业部分装在履带底盘上，行走依靠履带装置的流动式起重机，如图6-4所示。履带式起重机具有起重能力强、接地比压小、转弯半径小、爬坡能力大、无须支腿、可带载行驶等优点。在装配式混凝土建筑工程中，履带式起重机主要用于大型预制构件的装卸和吊装，大型塔式起重机的安装与拆卸，以及塔式起重机吊装死角的吊装作业等。

图6-3　汽车起重机

图6-4　履带式起重机

预制构件安装常用吊装机械如表 6-2 所示。

表 6-2　预制构件常用吊装机械

机 械 类 别	特　　点
塔式起重机	(1)起吊高度和工作半径较大； (2)驾驶室位置较高，司机视野宽广； (3)转移、安装和拆除较麻烦； (4)需敷设轨道
履带式(或汽车)起重机	(1)行驶和转移较方便； (2)起吊高度受到一定限制； (3)驾驶室位置低，就位、安装不够灵活

2. 横吊梁

横吊梁俗称铁扁担、扁担梁，常用于梁、柱、墙板、叠合楼板等构件的吊装。用横吊梁吊运部品构件时，可以使各吊点垂直受力，防止因起吊受力不均而对构件造成破坏，便于构件的安装校正。常用的横吊梁有框架式吊梁(见图 6-5)和单根吊梁。

3. 吊索

吊索是用钢丝绳或合成纤维等原料做成的用于吊装的绳索，用于连接起重机吊钩和被吊装设备，如图 6-6 所示。

图 6-5　框架式吊梁

图 6-6　吊索

吊具应按现行国家相关标准的有关规定进行设计验算或试验检验，经验证合格后方可使用；应根据预制构件的形状、尺寸及重量要求选择适宜的吊具。在吊装过程中，吊索水平夹角不宜小于 60°，不应小于 45°；尺寸较大或形状复杂的预制构件应选择设置分配梁或分配桁架的吊具，并应保证吊车主钩位置、吊具及构件重心在竖直方向上重合。

吊具、吊索的使用应符合施工安装的安全规定。预制构件起吊时的吊点合力应与构件重心重合，宜采用标准吊具均衡起吊就位，吊具可采用预埋吊环或埋置式接驳器的形式。专用内埋式螺母或内埋吊杆及配套的吊具，应根据相应的产品标准和应用技术规定选用。

预制混凝土构件吊点应提前设计好，根据预留吊点选择相应的吊具。在起吊构件时，为了使构件稳定，不出现摇摆、倾斜、转动、翻倒等现象，应选择合适的吊具。无论采用几点吊装，始终要使吊钩和吊具的连接点的垂线通过被吊构件的重心，它直接关系到吊装结果和操作的安全性。

吊具选择时必须保证被吊构件不变形、不损坏，起吊后不转动、不倾斜、不翻倒，应根据被吊构件的结构、形状、体积、重量、预留吊点以及吊装的要求,结合现场作业条件,确定合适的吊具。吊具选择时必须保证吊索受力均匀。各承载吊索间的夹角一般不应大于60°,其合力作用点必须保证与被吊构件的重心在同一条铅垂线上,保证吊运过程中吊钩与被吊构件的重心在同一条铅垂线上。在说明中提供吊装图的构件,应按吊装图进行吊装。在异形构件装配时,可采用辅助吊点配合简易吊具调节物体所需位置的吊装法。

当构件无设计吊钩(点)时,应通过计算确定绑扎点的位置,绑扎的方法应保证可靠且摘钩简便、安全。

4. 翻板机

翻板机是实现预制构件(多为墙板构件)角度调节,使其达到设计吊装角度的机械设备,是装配式混凝土建筑安装施工中重要的辅助设备,如图 6-7 所示。

图 6-7　翻板机

对于长度大于生产线宽度、运输亦超高的竖向板,必须采用短边侧向翻板起模和运输,到现场则必须将板旋转 90°,实现竖向吊装。

5. 灌浆设备与用具

灌浆设备主要有用于搅拌注浆料的手持式电钻搅拌机,用于计量水和注浆料的电子秤和量杯,用于向墙体注浆的注浆器,以及用于湿润接触面的水枪等。

灌浆用具主要有用于盛水、试验流动度的量杯,用于流动度试验的坍落度桶和平板,用于盛水、注浆料的大、小水桶,用于把木头塞打进注浆孔进行封堵的铁锤,以及小铁锹、剪刀、扫帚等。

灌浆设备与用具如图 6-8 所示。

为保证预制构件套筒与主体结构预留钢筋位置协调、构件安装能够顺利进行,施工单位常采用钢筋定位校验件预先检验。其做法是:预先在校验件上生成与预制构件上灌浆套筒同尺寸、同位置关系的孔洞,然后将校验件在主体结构预留钢筋上试套,如能顺利套住则证明预制构件可顺利安装。

6. 临时支撑系统

装配式混凝土工程施工过程中,当预制构件或整个结构自身不能承受施工荷载时,需要通过设置临时支撑来保证施工定位、施工安全及工程质量。预制构件临时支撑系统是指预制构件安装时起到临时固定和垂直度或标高空间位置调整作用的支撑体系,如图 6-9 所示。根据被安装的预制构件的受力形式和形状,临时支撑系统可分为斜撑系统和竖向支撑系统。

斜撑系统是由撑杆、垂直度调整装置、锁定装置和预埋固定装置等组成的,用于竖向构件安装的临时支撑系统,主要功能是将预制柱和预制墙板等竖向构件吊装就位后起到临时固定的作

小型灌浆机

手持式搅拌器

套筒灌浆料

橡胶塞

搅拌桶

注浆枪

图 6-8　灌浆设备与用具

用,并通过设置在斜撑上的调节装置对垂直度进行微调。竖向支撑系统是单榀支撑架沿预制构件长度方向均匀布置构成的用于水平向构架安装的临时支撑系统,主要功能是在预制主、次梁和预制楼板等水平承载构件吊装就位后起到直荷载的临时支撑作用,并通过标高调节装置对标高进行微调。竖向支撑系统的应用技术与传统现浇结构施工中梁、板模板支撑系统相近。以下主要讲述斜撑系统的技术要求。

临时支撑系统

图 6-9　临时支撑系统

1)一般规定

①临时支撑系统应根据其施工荷载进行专项的设计和承载力及稳定性的验算,以确保施工结构的安装质量和安全。

②临时支撑系统应根据预制构件的种类和重量尽可能做到标准化、重复利用和拆装方便。

2)斜撑支设要求

对于预制墙板,临时斜撑一般安放在其背后,且一般不少于两道;对于宽度比较小的墙板,也可仅设置一道斜撑。当墙板底部没有水平约束时,墙板的每道临时支撑包括上部斜撑和下部支撑,下部支撑可做成水平支撑或斜向支撑。对于预制柱,由于其底部纵向钢筋可以起到水平约束的作用,故一般仅设置上部支撑。柱的斜撑也最少要设置两道,且应设置在两个相邻的侧面上,水平投影相互垂直。

临时斜撑与预制构件一般做成铰接,并通过预埋件进行连接。考虑临时斜撑主要承受的是

水平荷载,为充分发挥其作用,对上部的斜撑,其支撑点距离板底的距离不宜小于板高的 2/3,且不应小于板高的 1/2。斜撑与地面或楼面连接应可靠,不得出现连接松动而引起竖向预制构件倾覆等情况。

3)斜撑拆除要求

预制墙板斜撑和限位装置应在连接节点和连接接缝部位后浇混凝土或灌浆料强度达到设计要求后拆除。当设计无具体要求时,后浇混凝土或灌浆料应达到设计强度的 75% 以上方可拆除。预制柱斜撑应在预制柱与连接节点部位后浇混凝土或灌浆料强度达到设计要求且上部构件吊装完成后进行拆除。拆除的模板和支撑应分散堆放并及时清运,应采取措施避免集中堆载。

4)安装验收

临时支撑系统调整复核墙体的水平位置和标高、垂直度及相邻墙体的平整度后,应填写预制构件安装验收表,经施工现场负责人及甲方代表(或监理)签字后进入下道工序。

6.2.3　施工平面布置

根据工程项目的构件分布图,可制订项目的安装方案,并合理选择吊装机械。构件临时堆场应尽可能地设置在吊机的辐射半径内,减少现场的二次搬运,同时构件临时堆场应平整、坚实,有排水设施。规划临时堆场及运输道路时,如在地下室顶板需对堆放全区域及运输道路进行加固处理。施工场地四周要设置循环道路,一般宽约 4～6 m,路面要平整、坚实,两旁要设置排水沟。距建筑物周围 3 m 范围内为安全禁区,不准堆放任何构件和材料。

预制构件堆放区要根据吊装机械行驶路线来确定,一般应布置在吊装机械工作半径范围以内,避免吊装机械空驶和负荷行驶。楼板、屋面板、楼梯、休息平台板、通风道等,一般沿建筑物堆放在预制构件的外侧。结构安装阶段需要吊运到各楼层的零星构配件、混凝土、砂浆、砖、门窗、管材等材料的堆放,应视现场具体情况而定,要充分利用建筑物两端空地及吊装机械工作半径范围内的其他空地。这些材料应确定数量,组织吊次,按照楼层材料布置的要求,随每层结构安装逐层吊运到楼层指定地点。

6.2.4　机具准备工作

以装配整体式剪力墙结构为例,其所需机具与设备如表 6-3 所示。

表 6-3　装配整体式剪力墙结构所需机具及设备

序　号	名　称	型　号	单　位	数　量
1	塔吊	QTZ60	台	1
2	振捣器	60/30	台	2
3	水准仪	NAL132,NAL222	台	1
4	铁扁担	GW40-3	套	1
5	工具式组合钢支撑			
6	灌浆泵	JM-GJB6	台	2
7	吊带	6T	套	3
8	铁链		条	2
9	吊钩		个	2

序　号	名　称	型　号	单　位	数　量
10	冲击钻		台	2
11	电动扳手		台	2
12	专用撬棍		根	2
13	镜子		个	4

6.2.5　劳动组织准备工作

装配式结构吊装阶段的劳动组织如表 6-4 所示。

表 6-4　劳动组织

序　号	工　种	人　数	说　明
1	吊装工	6	操作预制构件吊装及安装
2	吊车司机	1	操作吊装机械
3	测量人员	1	进行预制构件的定位及放线

6.2.6　其他准备工作

（1）组织现场施工人员熟悉、审查图纸，对构件型号、尺寸、埋件位置逐一检查核对，熟悉吊装顺序和各种指挥信号，准备好各种施工记录表格。

（2）引进坐标桩、水平桩，按设计位置放线，经检验签证后挖土、打钎、做基础和浇筑首层地面混凝土。

（3）对塔吊行走轨道和墙板构件堆放区等场地进行碾压、铺轨、安装塔吊，并在其周围设置排水沟。

（4）组织墙板等构件进场。按吊装顺序存放配套构件，并在吊装前认真检查构件的质量和数量。质量如不符合要求，应及时处理。

6.3　装配式混凝土结构竖向受力构件的现场施工 …

装配式混凝土建筑的竖向受力构件主要是框架柱和剪力墙，其中的现浇框架柱和剪力墙的施工方式与传统现浇结构相同，不再赘述。本节主要介绍预制混凝土框架柱构件安装、预制混凝土剪力墙构件安装以及后浇区的施工。

根据预制混凝土框架柱构件、预制混凝土剪力墙构件安装工艺，上、下层构件间混凝土的连接有座浆法和连通腔灌浆法两种方式。预制混凝土剪力墙构件常采用连通腔灌浆法，预制混凝土框架柱构件安装采用这两种方法都比较常见。本节将以座浆法为例介绍预制混凝土柱构件安装施工工艺，以连通腔灌浆法为例介绍预制混凝土剪力墙构件安装施工工艺。

6.3.1　预制混凝土柱构件安装施工

预制混凝土柱构件的安装施工工序为：测量放线→铺设座浆料→柱构件吊装→定位校正和

临时固定→钢筋套筒灌浆施工。

1. 测量放线

预制混凝土
柱的吊装

安装施工前,应在构件和已完成结构上测量放线,设置安装定位标志。

测量放线主要包括以下内容:

①每层楼面轴线垂直控制点不应少于 4 个,楼层上的控制轴线应使用经纬仪由底层原始点直接向上引测。

②每个楼层应设置 1 个引程控制点。

③预制构件控制线应由轴线引出。

④应准确弹出预制构件安装位置的外轮廓线。预制柱的就位以轴线和外轮廓线为控制线,对于边柱和角柱,应以外轮廓线控制为准。

测量放线部分工序如图 6-10 和图 6-11 所示。

图 6-10　柱续接下层钢筋高程复核　　　　图 6-11　柱吊装位置测量弹线

2. 铺设座浆料

预制柱构件底部与下层楼板上表面不能直接相连,应有 20 mm 厚的座浆层(见图 6-12),以保证两者混凝土能够可靠协同工作。座浆层应在构件吊装前铺设,且不宜铺设太早,以免座浆层凝结硬化失去黏结能力。一般而言,应在座浆层铺设后 1 h 内完成预制构件安装工作,天气炎热或气候干燥时应缩短安装作业时间。

图 6-12　座浆层

座浆料必须满足以下技术要求:

①座浆料坍落度不宜过大,一般在市场上购买 40～60 MPa 规格的座浆料使用小型搅拌机(可容纳一包料即可)加适当的水搅拌而成,不宜调制过稀,必须保证座浆完成后呈中间高、两端低的形状。

②在座浆料采购前需要与厂家约定浆料内粗集料的最大粒径为 4～6 mm,且座浆料必须具有微膨胀性。

③座浆料的强度等级应比相应的预制墙板混凝土的强度等级高一级。

④座浆料强度应该满足设计要求。

铺设座浆料前应清理铺设面的杂物。铺设时应保证座浆料在预制柱安装范围内铺设饱满。为防止座浆料向四周流散造成座浆层厚度不足,应在柱安装位置四周连续用密封材料封堵,并在座浆层内预设 20 mm 高的垫块。

3. 柱构件吊装

柱构件吊装宜按照角柱、边柱、中柱顺序进行安装,与现浇部分连接的柱宜先行吊装。

吊装作业应连续进行。吊装前应对待吊构件进行核对,同时对起重设备进行安全检查,重点检查预制构件预留螺栓孔丝扣是否完好,杜绝吊装过程中滑丝脱落现象。对吊装难度大的部件必须进行空载实际演练。操作人员应对操作工具进行清点,填写施工准备情况登记表,施工现场负责人检查核对签字后方可开始吊装。

预制构件在吊装过程中应保持稳定,不得偏斜、摇摆和扭转。吊装时,一定采用扁担式吊具吊装。

4. 定位校正和临时固定

1)构件定位校正

构件底部局部套筒未对准时,可使用倒链对构件进行手动微调、对孔,垂直坐落在准确的位置后拉线复核水平是否有偏差。无误差后,利用预制构件上的预埋螺栓和地面后置膨胀螺栓安装斜撑杆,复测柱顶标高后方可松开吊钩。利用斜撑杆调节好构件的垂直度。调节好垂直度后,刮平底部座浆。在调节斜撑杆时必须两名工人同时、同方向分别调节两根斜撑杆。

安装施工应根据结构特点按合理顺序进行,需考虑平面运输、结构体系转换、测量校正、精度调整及系统构成等因素,及时形成稳定的空间刚度单元。必要时应增加临时支撑结构或临时措施。单个混凝土构件的连接施工应一次性完成。

预制构件安装后,应对安装位置、安装标高、垂直度、累计垂直度进行校核与调整。构件安装就位后,可通过临时支撑对构件的位置和垂直度进行微调。

预制柱安装如图 6-13 所示。

2)构件临时固定

安装阶段的结构稳定性对保证施工安全和安装精度非常重要,构件在安装就位后,应采取临时措施进行固定。临时支撑结构或临时措施应能承受结构自重、施工荷载、风荷载、吊装产生的冲击荷载等作用,并不至于使结构产生永久变形。

预制柱临时固定如图 6-14 所示。

5. 钢筋套筒灌浆施工

钢筋套筒灌浆施工是装配式混凝土结构工程的关键环节之一。

钢筋套筒灌浆实际应用在竖向预制构件上时,通常将灌浆连接套筒现场连接端固定在构件下端部模板上,另一端即预埋端的孔口安装密封圈,构件内预埋的连接钢筋穿过密封圈插入灌浆连接套筒的预埋端,套筒两端侧壁上灌浆孔和出浆孔分别引出两条灌浆管和出浆管,连通至构件外表面,预制构件成型后,套筒下端为连接另一构件钢筋的灌浆连接端。构件在现场安装时,将另一构件的连接钢筋全部插入该构件上对应的灌浆连接套筒,从构件下部各个套筒的灌浆孔向

图 6-13　预制柱安装

图 6-14　预制柱临时固定

各个套筒内灌注高强灌浆料,至灌浆料充满套筒与连接钢筋的间隙且从所有套筒上部出浆孔流出为止,灌浆料凝固后,即形成钢筋套筒灌浆接头,从而完成两个构件之间的钢筋连接。

在实际工程中,连接的质量很大程度取决于施工过程控制。因此,套筒灌浆连接应满足下列要求:

①套筒灌浆连接施工应编制专项施工方案。这里提到的专项施工方案并不要求一定单独编制,而是强调应在相应的施工方案中包括套筒灌浆连接施工的相应内容。施工方案应包括灌浆套筒在预制生产中的定位、构件安装定位与支撑、灌浆料拌和、灌浆施工、检查与修补等内容。施工方案编制应以接头提供单位的相关技术资料、操作规程为基础。

②灌浆施工的操作人员应经专业培训后上岗。培训一般宜由接头提供单位的专业技术人员组织。灌浆施工应由专人完成,施工单位应根据工程量配备足够的合格操作工人。

③首次施工,宜选择有代表性的单元或部位进行试制作、试安装、试灌浆。这里提到的"首次施工",包括施工单位或施工队伍没有钢筋套筒灌浆连接的施工经验,或对某种灌浆施工类型(剪力墙、柱、水平构件等)没有经验的情况,此时为保证工程质量,宜在正式施工前通过试制作、试安装、试灌浆验证施工方案、施工措施的可行性。

④套筒灌浆连接应采用由接头形式检验确定的相匹配的灌浆套筒、灌浆料。施工中不宜更

换灌浆套筒或灌浆料,如确需更换,应按更换后的灌浆套筒、灌浆料提供接头形式检验报告,并重新进行工艺检验及材料进场检验。

⑤灌浆料以水泥为基本材料,对温度、湿度均具有一定敏感性,因此,在储存中应注意干燥、通风并采取防晒措施,防止其形态发生改变。灌浆料宜存储在室内。

竖向钢筋套筒灌浆连接时,灌浆应采用压浆法从灌浆套筒下方注入,灌浆料从构件上本套筒和其他套筒的灌浆孔、出浆孔流出后应及时封堵。灌浆施工工艺流程如图 6-15 所示。

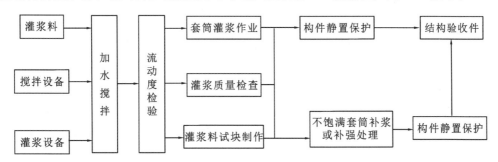

图 6-15　灌浆施工工艺流程

钢筋套筒灌浆连接施工的工艺要求如下:

①预制构件吊装前,应检查构件的类型与编号,且当灌浆套筒内有杂物时,应清理干净。

②应保证外露连接钢筋的表面不粘连混凝土、砂浆,不发生锈蚀;当外露连接钢筋倾斜时,应进行校正。连接钢筋的外露长度应符合设计要求,其外表面宜做出插入灌浆套筒最小锚固长度的位置标志,且应清晰准确。

③竖向构件宜采用连通腔灌浆法。钢筋水平连接时灌浆套筒应各自独立灌浆。

④灌浆料拌合物应采用电动设备搅拌充分、均匀,并宜静置 2 min 后使用。其加水量应按灌浆料使用说用书的要求确定,并应按质量计量。搅拌完成后,不得再次加水。灌浆料搅拌如图 6-16 所示。

⑤灌浆施工时,环境温度应符合灌浆料产品使用说明书要求。一般来说,环境温度低于 5 ℃时不宜施工;低于 0 ℃时不得施工;当环境温度高于 30 ℃时,应采取降低灌浆料拌合物温度的措施。

⑥竖向钢筋连接采用连通腔灌浆法时,宜采用一点灌浆的方式。当一点灌浆遇到问题而需要改变灌浆点时,各灌浆套筒已封堵的灌浆孔、出浆孔应重新打开,待灌浆料拌合物再次流出后再进行封堵,如图 6-17 所示。

图 6-16　灌浆料搅拌

图 6-17　封堵出浆孔

⑦灌浆料宜在加水后 30 min 内用完。散落的灌浆料拌合物不得二次使用,剩余的拌合物不得再次添加灌浆料、水后混合使用。

⑧灌浆料同条件养护试件抗压强度达到 36 MPa 后,方可进行对接头有扰动的后续施工。临时固定措施的拆除应在试件抗压强度验证后能够确保结构达到后续施工承载要求方可进行。

⑨灌浆作业应及时形成施工质量检查记录表和影像资料。

6.3.2 预制混凝土剪力墙构件安装施工

预制混凝土剪力墙构件的安装施工工序为:测量放线→封堵分仓→构件吊装→定位校正和临时固定→钢筋套筒灌浆施工。其中测量放线、构件吊装、定位校正和临时固定的施工工艺可参见预制混凝土柱的施工工艺。

1. 封堵分仓

采用注浆法实现构件间混凝土可靠连接,是通过灌浆料从套筒流入原座浆层充当座浆料而实现的。相对于座浆法,注浆法无须担心吊装作业前座浆料失水凝固,并且先使预制构件落位后再注浆也易于确定座浆层的厚度。

构件吊装前,应预先在构件安装位置预设 20 mm 厚垫片,以保证构件下方注浆层厚度满足要求,如图 6-18 所示,然后沿预制构件外边线用密封材料进行封堵,如图 6-19 所示。当预制构件长度过长时,注浆层也随之过长,不利于控制注浆层的施工质量,这时可将注浆层分成若干段,各段之间用座浆材料分隔,逐段进行注浆。这种注浆方法叫作分仓法。连通区内任意两个灌浆套筒间距不宜超过 1.6 m。

图 6-18　预设垫片

图 6-19　封堵注浆层

2. 构件吊装

与现浇部分连接的墙板宜先行吊装,其他宜按照外墙先行吊装的原则进行吊装。就位前应设置底部调平装置,控制构件安装标高。墙板吊装如图 6-20 所示。

图 6-20　墙板吊装

3. 钢筋套筒灌浆施工

灌浆前应合理选择灌浆孔。一般来说,宜选择从每个分仓的位于中部的灌浆孔灌浆,灌浆前将其他灌浆孔严密封堵。灌浆操作要求与座浆法相同。该分仓各出浆孔分别有连续的浆液流出时,注浆作业完毕,将灌浆孔和所有出浆孔封堵。灌浆与封堵出浆孔如图 6-21 所示。

图 6-21　灌浆与封堵出浆孔

6.3.3　装配式混凝土结构后浇混凝土的施工

装配式混凝土结构竖向构件安装应及时穿插进行边缘构件后浇混凝土带的钢筋安装和模板施工,并完成后浇混凝土施工。

1. 装配式混凝土结构后浇混凝土的钢筋工程

①装配式混凝土结构后浇混凝土内的连接钢筋应埋设准确。构件连接处钢筋位置应符合现行有关技术标准和设计要求。当设计无具体要求时,应保证主要受力构件和构件中主要受力方向的钢筋位置,并应符合下列规定:框架节点处,梁纵向受力钢筋宜置于柱纵向钢筋内侧;当主、次梁底部标高相同时,次梁下部钢筋应放在主梁下部钢筋之上;剪力墙中水平分布钢筋宜置于竖向钢筋外侧,并在墙端弯折锚固。预制构件的外露钢筋应防止弯曲变形,并在预制构件吊装完成后,对其位置进行校核与调整。钢筋套筒灌浆连接接头的预留钢筋应采用专用模具进行定位,并应保证定位准确。

②装配式混凝土结构的钢筋连接质量应符合相关规范的要求。钢筋可根据规范要求采用直锚、弯锚或机械锚固的方式进行锚固,如图6-22所示,锚固质量应符合要求。

图6-22 钢筋锚固

③预制墙板连接部位宜先校正水平连接钢筋,后安装箍筋套,待墙体竖向钢筋连接完成后绑扎箍筋,如图6-23所示,连接部位加密区的箍筋宜采用封闭箍筋。

图6-23 箍筋绑扎

预制梁、柱节点区的钢筋安装时,节点区柱箍筋应预先安装于预制柱钢筋上,随预制柱一同安装就位。预制叠合梁采用封闭箍筋时,预制梁上部纵筋应预先穿入箍筋临时固定,并随预制梁一同安装就位。预制叠合梁采用开口箍筋时,预制梁上部纵筋可在现场安装。

2. 预制墙板间后浇混凝土带模板安装

墙板间后浇混凝土带连接宜采用工具式定型模板支撑,定型模板应通过螺栓(预置内螺母)或预留孔洞拉结的方式与预制构件可靠连接。定型模板安装应避免遮挡墙板下部灌浆预留孔洞。夹芯墙板的外叶板应采用螺栓拉结或夹板等加强固定,墙板接缝部位及与定型模板连接处均应采取可靠的密封、防漏浆措施。

采用PCF板进行支模时,预制外墙模板的尺寸参数及与相邻外墙板之间拼缝宽度应符合设计要求。安装时,与内侧模板或相邻构件应连接牢固并采取可靠的密封、防漏浆措施。

预制构件间后浇混凝土带模板安装如图6-24所示。

3. 装配式混凝土结构后浇混凝土带的浇筑

①对于装配式混凝土结构的墙板间边缘构件竖缝后浇混凝土带的浇筑,应该与水平构件的

图 6-24　预制构件间后浇混凝土带模板安装

混凝土叠合层以及按设计须现浇的构件(如作为核心筒的电梯井、楼梯间)同步进行。一般选择一个单元作为一个施工段,按先竖向、后水平的顺序浇筑施工。这样就用后浇混凝土将竖向和水平预制构件连接成了一个整体。叠合梁、板组装如图 6-25 所示。

图 6-25　叠合梁、板组装

②后浇混凝土浇筑前,应进行所有隐蔽项目的现场检查与验收。

③浇筑混凝土过程中应按规定见证取样,留置混凝土试件。

④混凝土应采用预拌混凝土,预拌混凝土应符合现行相关标准的规定。装配式混凝土结构施工中的结合部位或接缝处混凝土的工作性能应符合设计施工规定。当采用自密实混凝土时,应符合现行相关标准的规定。

⑤预制构件连接节点和连接缝部位后浇混凝土浇筑前,应清洁结合部位,并洒水润湿。连接缝的混凝土应连续浇筑,竖向连接缝可逐层浇筑。混凝土分层浇筑高度应符合现行规范要求。浇筑时,应采取保证混凝土浇筑密实的措施。同一连接缝的混凝土应连续浇筑,并应在底层混凝土初凝之前将上一层混凝土浇筑完毕。预制构件连接节和连接缝部位的混凝土应加密振捣,并适当延长振捣时间。预制构件连接处混凝土浇筑和振捣时,应对模板和支架进行观察及维护,发生异常情况应及时进行处理。构件接缝处混凝土浇筑和振捣时应采取措施防止模板、相连接构件、钢筋、预埋件及其定位件移位。

⑥混凝土浇筑完毕后,应按施工技术方案要求及时采取有效的养护措施。设计无规定时,应在浇筑完毕后的 12 h 以内对混凝土加以覆盖并养护,浇水次数应能保证混凝土处于湿润状态。采用塑料薄膜覆盖养护的混凝土,其敞露的全部表面应覆盖严密,并应保持塑料薄膜内有凝结水。后浇混凝土的养护时间不应少于 14 d。

喷涂混凝土养护剂是混凝土养护的一种新工艺。混凝土养护剂是高分子材料,喷洒在混凝土表面后固化,形成一层致密的薄膜,使混凝土表面与空气隔绝,大幅度降低水分从混凝土表面蒸发的损失。同时,可与混凝土浅层游离氢氧化钙作用,在渗透层内形成致密、坚硬表层,从而利用混凝土中自身的水分最大限度地完成水化作用,达到混凝土自养的目的。对于装配整体式混凝土结构竖向构件接缝处的后浇混凝土带,洒水保湿比较困难,采用养护剂保护是较可行的选择。

⑦预制墙板斜撑和限位装置,应在连接节点和连接缝部位后浇混凝土或灌浆料强度达到设计要求后拆除;当设计无具体要求时,后浇混凝土或灌浆料应达到设计强度的 75% 以上方可拆除。

以现浇暗柱为例,其施工流程如下:

放置暗柱箍筋→绑扎暗柱纵筋→绑扎暗柱箍筋→暗柱模板支设→暗柱混凝土浇筑→拆模。

重点施工流程如图 6-26 至图 6-28 所示。

图 6-26　暗柱钢筋绑扎

图 6-27　暗柱模板支设

图 6-28　混凝土浇筑后拆模

6.4 预制混凝土水平受力构件的现场施工

6.4.1 钢筋桁架混凝土叠合梁、板安装施工

1.叠合楼板安装施工

预制混凝土叠合楼板的现场施工工艺流程如图6-29所示。叠合楼板施工如图6-30所示。

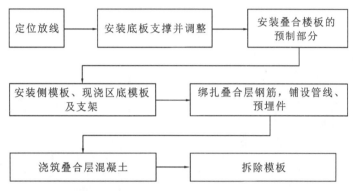

图 6-29 预制混凝土叠合楼板的现场施工工艺流程

图 6-30 叠合楼板施工

预制混凝土叠合楼板安装施工应符合下列规定：

①叠合构件的支撑应根据设计要求或施工方案设置,支撑标高除应符合设计规定外,还应考虑支撑本身的施工变形。

②控制施工荷载,不应超过设计规定,并应避免使单个预制构件承受较大的集中荷载与冲击荷载。

③叠合构件的搁置长度应满足设计要求,宜设置厚度不大于 20 mm 的座浆层或垫片。

④叠合构件混凝土浇筑前,应检查结合面粗糙度,并应检查及校正预制构件的外露钢筋。

⑤预制底板吊装完后应对板底接缝高差进行校核;当叠合板板底接缝高差不满足设计要求时,应将构件重新起吊,通过可调托座进行调节。

⑥预制底板的接缝宽度应满足设计要求。

叠合构件应在后浇混凝土强度达到设计要求后,方可拆除支撑或承受施工荷载。

重点施工流程如图 6-31 至图 6-37 所示。

图 6-31　安装独立钢支撑及铝合金梁

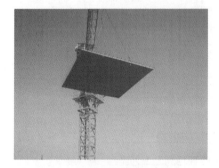

图 6-32　叠合板吊装就位　　　　图 6-33　叠合板位置调整

图 6-34　叠合板底支模

图 6-35　水电管线敷设

图 6-36　上部钢筋绑扎

图 6-37　混凝土浇筑

2. 叠合梁安装施工

装配式混凝土叠合梁的安装施工工艺与叠合楼板类似。现场施工时应将相邻的叠合梁与叠合楼板协同安装,两者的叠合层混凝土同时浇筑,以保证建筑的整体性能。

采用套筒灌浆连接水平钢筋,可事先将灌浆套筒安装在一端钢筋上,两端连接钢筋就位后,将套筒从一端钢筋移动到两根钢筋连接处,两端钢筋均插入套筒并达到规定的深度,再从套筒侧壁通过灌浆孔注入灌浆料,至灌浆料从出浆口流出,灌浆料充满套筒内壁与钢筋的间隙,灌浆料凝固后即将两根水平钢筋连在一起。叠合梁水平钢筋连接如图 6-38 所示。

预制混凝土
梁安装

钢筋水平连接时,应采用全灌浆套筒连接,灌浆套筒各自独立灌浆。水平钢筋套筒灌浆连接,灌浆作业时应采用压浆法将灌浆料从灌浆套筒一侧灌浆孔注入,当拌合物在另一侧出浆孔流出时应停止灌浆。套筒灌浆孔、出浆孔应朝上,保证灌满后浆面高于套筒内壁最高点。

预制梁和既有结构改造现浇部分的水平钢筋采用套筒灌浆连接时,施工措施应符合下列规定:

(1)连接钢筋的外表面应标记插入灌浆套筒最小锚固长度的标志,标志位置应准确、颜色应清晰。

(2)对灌浆套筒与钢筋之间的缝隙应采取防止灌浆时灌浆料拌合物外漏的封堵措施。

(3)预制梁的水平连接钢筋轴线偏差不应大于 6 mm,超过允许偏差的应予以处理。

(4)与既有结构的水平钢筋相连接时,新连接钢筋的端部应设有保证连接钢筋同轴、稳固的

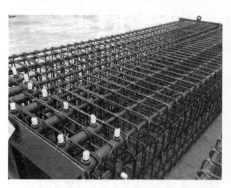

图 6-38　叠合梁水平钢筋连接

装置。

（5）灌浆套筒安装就位后，灌浆孔、出浆孔应在套筒水平轴正上方±45°的锥体范围内，并安装有孔口超过灌浆套筒外表面最高位置的连接管或连接头。

（6）灌浆施工异常的处理情况：水平钢筋连接灌浆施工停止后 30 s，如发现灌浆料拌合物下降，应检查灌浆套筒两端的密封情况或灌浆料拌合物排气情况，并及时补灌或采取其他措施。补灌应在灌浆料拌合物达到设计规定的位置后停止，并应在灌浆料凝固后再次检查其位置是否符合设计要求。

叠合梁安装顺序宜遵循先主梁后次梁、先低后高的原则。安装前，应测量并修正临时支撑标高，确保其与梁底标高一致，并在柱上弹出梁边控制线；安装后根据控制线进行精密调整。安装时梁伸入支座的长度与搁置长度应符合设计要求。

装配式混凝土建筑梁柱节点处作业面狭小且钢筋交错密集，施工难度极大。因此，在拆分设计时即应考虑好各种钢筋的关系，直接设计出必要的弯折。此外，吊装方案要按拆分设计考虑吊装顺序，吊装时则必须严格按吊装方案控制先后。安装前，应复核柱钢筋与梁钢筋位置、尺寸，梁钢筋与柱钢筋位置有冲突的，应按经设计单位确认的技术方案调整。

叠合楼板、叠合梁等叠合构件应在后浇混凝土强度达到设计要求后，方可拆除底模和支撑，相关强度要求如表 6-5 所示。

表 6-5　模板与支撑拆除时的后浇混凝土强度要求

构 件 类 型	构件跨度/m	达到设计混凝土强度等级值的百分率/（%）
板	≤2	≥50
	>2,≤8	≥75
	>8	≥100
梁	≤8	≥75
	>8	≥100
悬臂构件		≥100

6.4.2　预制混凝土阳台、空调板、太阳能板的安装施工

装配式混凝土建筑的阳台一般设计成封闭式阳台，其楼板采用钢筋桁架叠合板；部分项目采用全预制悬挑式阳台。空调板、太阳能板以全预制悬挑式为主。全预制悬挑式构件是通过将甩

出的钢筋伸入相邻楼板叠合层足够的长度(锚固长度),利用相邻楼板叠合层后浇混凝土与主体结构实现可靠连接的。预制混凝土阳台安装如图 6-39 所示。

图 6-39　预制混凝土阳台安装

预制混凝土阳台、空调板、太阳能板的现场施工工艺流程如图 6-40 所示。

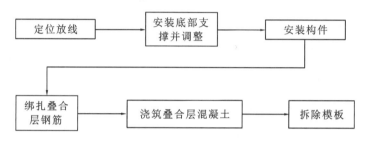

图 6-40　预制混凝土阳台、空调板、太阳能板的现场施工工艺流程

预制混凝土阳台、空调板、太阳能板安装施工应符合下列规定:

①预制阳台板吊装宜选用专用型框架吊装梁;预制空调板吊装可采用吊索直接吊装。

②吊装前应进行试吊装,且应检查吊具预埋件是否牢固。

③施工管理及操作人员应熟悉施工图纸,应按照吊装流程核对构件编号,确认安装位置,并标注吊装顺序。

④吊装时注意保护成品,以免墙体边角被撞。

⑤阳台板施工荷载不得超过 1.6 kPa。施工荷载宜均匀布置。

⑥悬臂式全预制阳台、空调板、太阳能板甩出的钢筋都是负弯矩筋,应注意钢筋绑扎位置的准确,同时,在后浇混凝土过程中要严格避免踩踏钢筋而造成钢筋向下位移。

⑦预制构件的板底支撑必须在后浇混凝土强度达到 100% 后拆除。板底支撑拆除尚应保证该构件能承受上层阳台通过支撑传递下来的荷载。

6.5　预制混凝土楼梯及外挂墙板的安装施工 ……………

6.5.1　预制混凝土楼梯的安装施工

为提高楼梯抗震性能,参照传统现浇结构的施工经验,结合装配式混凝土建筑施工特点,预制楼梯构件与主体结构多采用滑动式支座连接。

预制楼梯的现场施工工艺流程：定位放线→清理安装面,设置垫片,铺设砂浆→预制楼梯吊装→楼梯端支座固定。楼梯安装如图 6-41 所示。

图 6-41　楼梯安装

预制混凝土楼梯安装施工应符合下列规定:

①吊装前应检查核对构件编号,确定安装位置,弹出楼梯安装控制线,对控制线及标高进行复核。

②楼梯上部与主体结构连接多采用固定式连接,下部与主体结构连接多采用滑动式连接。施工时应先固定上部固定端,后固定下部滑动端。

③楼梯侧面距结构墙体预留 30 mm 空隙,为后续抹灰层预留空间;梯井之间根据楼梯栏杆安装要求预留 40 mm 空隙。在楼梯段上下口梯梁处铺 20 mm 厚 C25 细石混凝土找平灰饼,找平灰饼标高要控制准确。

④预制楼梯采用水平吊装,用螺栓将通用吊耳与楼梯板预埋吊装内螺母连接,起吊前应检查卸扣卡环,确认牢固后方可继续缓慢起吊。调整索具铁链长度,使楼梯段休息平台处于水平位置。试吊预制楼梯板,检查吊点位置是否准确,吊索受力是否均匀等;试起吊高度不应超过 1 m。

⑤楼梯吊至梁上方 30~60 cm 后,调整楼梯位置,使板边线基本与控制线吻合。就位时要求缓慢操作,严禁快速猛放,以免造成楼梯板震折损坏。楼梯板基本就位后,根据控制线,利用撬棍微调、校正,先保证楼梯两侧准确就位,再使用水平尺和倒链调节,使楼梯水平。

重点安装流程如图 6-42 至图 6-44 所示。

图 6-42　吊装剪刀梯

图 6-43　踏步成品保护

图 6-44　安装隔墙板

6.5.2　预制混凝土外挂墙板的安装施工

1. 预制外挂板的特点

预制外挂墙板是安装在主体结构(一般为钢筋混凝土框架结构、框-剪结构、钢结构)上,起围护、装饰作用的非承重预制混凝土外墙板,按装配式结构的装配程序分类应该属于后安装部分。

预制外挂墙板与主体结构的连接采用柔性连接构造,主要有点支撑和线支撑两种安装方式;按装配式结构的装配工艺分类,应该采用干作法。

根据以上外挂墙板的特点,必须重视外挂节点的安装质量,保证其可靠性;对于外挂墙板之间必须有的构造"缝隙",必须进行填缝处理和打胶密封。

2. 外挂墙板施工前准备

(1)外挂墙板安装前应该编制安装方案,确定外挂墙板水平运输、垂直运输的吊装方式,进行设备选型及安装调试。

(2)主体结构预埋件应在主体结构施工时按设计要求埋设;外挂墙板安装前应在施工单位对主体结构和预埋件验收合格的基础上进行复测,若存在问题应与施工、监理、设计单位进行协调解决。主体结构及预埋件施工偏差应符合《混凝土结构工程施工质量验收规范》(GB 50204—

2015)的规定,垂直方向和水平方向最大施工偏差应该满足设计要求。

(3)外挂墙板在进场前应进行检查验收,不合格的构件不得安装使用,安装用连接件及配套材料应进行现场报验,复试合格后方可使用。

(4)外挂墙板的现场存放应该按安装顺序排列并采取保护措施。

(5)外挂墙板安装人员应提前进行安装技能培训,安装前施工管理人员要做好技术交底和安全交底。安装施工人员应充分理解安装技术要求和质量检验标准。

3. 外挂墙板的安装与固定

(1)外挂墙板正式安装前要根据施工方案要求进行试安装,经过试安装并验收合格后方可进行正式安装。

(2)外挂墙板应该按顺序分层或分段吊装,吊装应采用慢起、稳升、缓放的操作方式,应系好缆风绳控制构件转动;吊装过程中应保持稳定,不得偏斜、摇摆和扭转。

预制外挂墙板吊装如图 6-45 所示。

应采取保证构件稳定的临时固定措施,外挂墙板的校核与偏差调整应按以下要求进行:

①预制外挂墙板侧面中线及板面垂直度校核时,应以中线为主调整。

②预制外挂墙板上下校正时,应以竖缝为主调整。

③墙板接缝应以满足外墙面平整为主,内墙面不平或翘曲时,可在内装饰或内保温层调整。

④预制外挂墙板山墙阳角与相邻板校正时,以阳角为基准调整。

⑤预制外挂墙板拼缝平整校核时,应以楼地面水平线为准调整。

图 6-45 预制外挂墙板吊装

(3)外挂墙板安装就位后应对连接节点进行检查验收,隐藏在墙内的连接节点必须在施工过程中及时做好隐检记录。

(4)外挂墙板均为独立自承重构件,应保证板缝四周为弹性密封构造。安装时,严禁在板缝中放置硬质垫块,避免外挂墙板通过垫块传力,造成节点连接破坏。

(5)节点连接处露明铁件均应做防腐处理,对于焊接处镀锌层破坏部位必须涂刷三道防腐涂料防腐,有防火要求的铁件应采用防火涂料喷涂处理。

(6)外挂墙板安装质量的尺寸允许偏差检查,应符合相关规范的要求。

4. 外挂墙板的防水处理

外挂墙板接缝防水工程应由经培训合格的专业人员进行施工。接缝施工前应做好表面清洁处理以及接缝处预制构件拐角处缺损情况的检查。经检查合格方可进行底层基层处理和背衬材料施工。密封胶的施工应采用专用的打胶枪自下而上匀速推进,未能一次施打的连接接缝,应对先后施工的接缝处进行有效的衔接,完成施打后需对密封胶的表面进行整平施工。

预制混凝土外挂墙板板缝的防水处理要求如下:

①预制外挂墙板连接接缝防水节点基层及空腔排水构造做法应符合设计要求。

②板缝防水施工人员应培训合格后上岗,具备专业打胶资格和防水施工经验。

③预制外挂墙板外侧水平、竖直接缝的防水密封胶封堵前,侧壁应清理干净,保持干燥。嵌缝材料应与挂板牢固粘结,不得漏嵌和虚粘。

预制混凝土外挂墙板的板缝打胶要求如下:

①板缝防水密封胶的注胶宽度必须大于厚度并符合生产厂家说明书的要求,防水密封胶应在预制外挂墙板校核固定后嵌填,先安放填充材料,然后注胶。防水密封胶应均匀、顺直,饱满、密实,表面光滑、连续。

②为防止密封胶施工时污染板面,打胶前应在板缝两侧粘贴防污胶条,注意保证胶条上的胶不得转移到板面。

③外挂墙板十字缝 300 mm 范围内水平缝和垂直缝处的防水密封胶注胶要一次完成。

④板缝防水施工 72 h 内要保持板缝处于干燥状态,禁止冬期气温低于 5 ℃ 或雨天时进行板缝防水施工。

⑤外挂墙板接缝的防水性能应该符合设计要求。同时,每 1 000 m² 外墙面积划分为一个检验批,不足 1 000 m² 时,也应划分为一个检验批;每 100 m² 应至少抽查一处,每处不得少于 10 m²,对外挂墙板接缝的防水性能进行现场淋水试验。

预制外挂墙板接缝嵌缝施工流程如图 6-46 所示。图 6-47 为外挂墙板接缝施工完成后的外观实景。

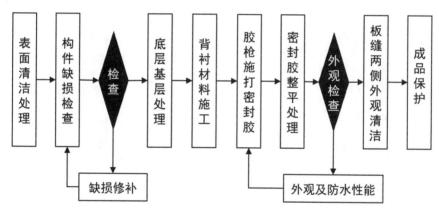

图 6-46 预制外挂墙板接缝嵌缝施工流程

图 6-47 预制外挂墙板接缝施工完成后的外观实景

6.6 装配式混凝土结构工程的水电安装

6.6.1 预制混凝土墙板的预埋和预留

对于装配式混凝土剪力墙结构,其配电箱、等电位联结箱、开关盒、插座盒、弱电系统接线盒(消防显示器、控制器、按钮、电话、电视、对讲等)及其管线,以及空调室外机、太阳能板等设备的避雷引下线等,都应准确地预埋在预制墙板中;厨房、卫生间和空调、洗衣机等设备的给水竖管也应准确地预埋在预制墙板中。

水电安装预留预埋
一体预制样板

6.6.2 预制混凝土叠合楼板施工的预埋和预留

电气管线预埋在楼板的混凝土叠合层中,如图 6-48 所示。因钢筋桁架叠合板电气接线盒已预埋好,混凝土叠合层浇筑前仅布置安装线管;PK 板电气接线盒需要开孔安装,并在混凝土叠合层浇筑前布置安装线管。

图 6-48　电气管线预埋

水暖水平管预埋在混凝土叠合层完成后的垫层(建筑做法)中,应在混凝土叠合层完成后及时铺设并与墙板预埋竖管对接;对于钢筋桁架叠合板,应该在预制厂预埋下水管套管,对于 PK 板应在混凝土叠合层浇筑前开孔安装套管。

6.6.3 预制混凝土墙板的水平和竖向对接

墙板安装完成后,即可进行横、竖向管线对接,如图 6-49 所示。

图 6-49　横、竖向管线对接

6.6.4 防雷、等电位联结点的预埋

装配式框架结构建筑的预制柱是在工厂加工制作的,两段柱体对接时,较多采用套筒连接方式:一段柱体端部为套筒;另一段端部为钢筋,钢筋插入套筒后注浆。如用柱结构钢筋做防雷引下线,就要将两段柱体钢筋用等截面钢筋焊接起来,达到电气贯通的目的。选择柱体内的两根钢筋做引下线和设置预埋件时,应尽量选择预制墙、柱的内侧,以便于后期焊接操作。

预制构件生产时,应注意避雷引下线的预留预埋,在柱子的两个端部均需要焊接与柱筋同截面的扁钢作为引下线埋件。应在室外没有引下线的柱子所在地面 600 mm 处,设置接地电阻测试盒,测试盒内测试端子与引下线焊接。应在工厂加工预制柱时做好预留,预制构件进场时,现场管理人员进行检查验收。

对于装配式混凝土剪力墙结构,可以将剪力墙边缘构件后浇混凝土段内钢筋作为防雷引下线。

装配式构件应在金属管道入户处做等电位联结,卫生间内的金属构件应进行等电位联结,应在装配式构件中预留等电位联结点。

整体卫浴内的金属构件应在部品内完成等电位联结,并标明和外部联结的接口位置。

为防止侧击雷,应按照设计图纸的要求,将建筑物内的各种竖向金属管道与钢筋连接,部分外墙上的栏杆、金属门窗等较大金属物要与防雷装置相连,结构内的钢筋连成闭合回路作为防侧击雷接闪带。均压环及防侧击雷接闪带均需与引下线做可靠连接,预制构件处需要按照具体设计图纸要求预埋连接点。

6.6.5 预制整体卫生间的预埋和预留

预制整体卫浴是装配式建筑最应该装配的预制构件部品,其不仅将大量的结构、装饰、装修、防水、水电安装等工程工厂化,而且其同层排水做法彻底解决了本层漏水必须上层维修而引起的邻里纠纷(甚至引起法律纠纷)的重大疑难问题。

由于预制整体卫浴结构形式多样,整体安装措施不在此处详述。但应该看到,具有同层排水功能的整体卫浴极大地简化了水电安装的工程,采用整体卫浴后需要做的仅仅是连接给水、排水两根管子和电源而已。

6.7 装配式混凝土建筑装饰装修 ·····················

"装修",实际上包含了很多设备、管线、构造、结构、防水等重要的分部分项工程内容,绝不是简单意义上的"软装饰"。尤其是装配式建筑强调的"全装修",是以住宅装修工业化生产、提高现场装配化程度、减少手工作业、开发和推广新技术为目的的,立足于部品、部件的工业化生产,其特征为多使用标准化的部品、部件。与落后的手工作业施工工艺不同,装配式施工减少了大量现场手工作业,施工工人按照标准化的工艺安装,从而大大提高装修质量和品质。放眼世界,欧美国家及日本等市场上在售住宅基本都是全装修房,装修部品化程度高,促使内装工业化同步发展。

137

6.7.1　组成系统

一套成熟的装配式装饰装修整体解决方案包括八大系统,即集成卫浴系统、集成厨房系统、集成地面系统、集成墙面系统、集成吊顶系统、生态门窗系统、快装给水系统及薄法排水系统,如图 6-50 所示。"管线与结构分离,消除湿作业,摆脱对传统手工艺的依赖,节能环保特性更突出,后期维护翻新更方便"是装配式装饰装修的核心。

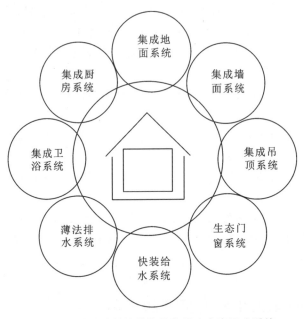

图 6-50　装配式装饰装修整体解决方案组成系统

1. 集成卫浴系统

集成卫浴系统(见图 6-51)采用柔性整体防水底盘,整体一次性集成制作,防水密封及可靠度高,可变模具快速定制各种尺寸;整体卫浴全部干法作业,现场装配效率高;专用地漏满足瞬间集中排水,防水与排水相互堵疏协同,构造更科学;整体卫浴空间及部件,结合薄法同层排水一体化设计,契合度高。

图 6-51　集成卫浴系统

2. 集成厨房系统

集成厨房系统(见图 6-52)的柜体与墙体预留挂件契合度高;胶衣台面耐磨、抗污、抗裂、抗老化,无放射性;整体厨房全部干法作业,现场装配率高;不需排烟道,节省厨房空间。

图 6-52　集成厨房系统

3. 集成地面系统

集成地面系统(见图 6-53)大幅度减轻楼板荷载;支撑结构牢固耐久且平整度高;保护层的平衡板热效率高;现场装配效率提升;作业环境友好,无污染、无垃圾。

图 6-53　集成地面系统

4. 集成墙面系统

集成墙面系统如图 6-54 所示,特点如下:

(1)分隔:轻质墙,适用作室内任何分室隔墙,灵活性强。

(2)隔音:可填充环保隔音材料,起到降噪功能。

(3)调平:对于隔墙或结构墙面,可使用专用部件快速调平墙面。

(4)饰面:墙板基材表面可集成壁纸、木纹、石材等肌理效果。

图 6-54　集成墙面系统

5. 集成吊顶系统

集成吊顶系统如图 6-55 所示,特点如下:

(1)调平:专用几字形龙骨与墙板顺势搭接,自动调平。

(2)加固:专用上字形龙骨承插加固吊顶板。

(3)饰面:顶板基材表面可集成壁纸、油漆、金属效果。

集成吊顶系统优势:龙骨与部品之间契合度高;免吊筋,免打孔,现场无噪声;施工简单,安装效率提高。

图 6-55　集成吊顶系统

6. 生态门窗系统

生态门窗系统如图 6-56 所示,特点如下:

(1)内嵌:门扇为铝型材与板材嵌入结构,集成木纹饰面。

(2)冷轧:门窗、窗套镀锌钢板采用冷轧工艺,表面集成木纹饰面。

生态门窗系统优势:套装门防水、防火、耐刮擦、抗磕碰、抗变形;窗套防晒、耐水、耐潮、耐老化;无甲醛,生态环保;装配效率高。

图 6-56　生态门窗系统

7. 快装给水系统

快装给水系统如图 6-57 所示,其插水管通过专用连接件可实现快装即插,卡接牢固。快装给水系统优势:易操作、工效高;质量可靠、隐患少;全部接头布置于吊顶内,便于翻新维护。

图 6-57　快装给水系统

8. 薄法排水系统

薄法排水系统如图 6-58 所示,特点如下:

(1)在架空地面下布置排水管,与其他房间无高差,空间界面友好;

(2)同层所有 PP 排水管采用胶圈承插,使用专用支撑件在结构地面上顺势将水排至公共区管井。

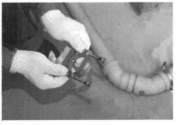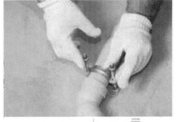

图 6-58　薄法排水系统

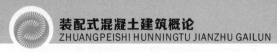

薄法排水系统优势：同层排水规避排水时下层噪声，提升居住体验及质量；PP材质耐高温、耐腐蚀性提高；空间利用率高；胶圈承插施工易操作、隐患少；便于在公共区集中检修，维修时不干扰下层。

6.7.2　装配式混凝土建筑装饰装修发展前景

1. 装配式装饰装修的市场

装配式装饰装修源于住宅产业化、全装修建筑，从事装配式装饰装修的企业在战略定位时自然会将市场定位在商品住宅领域，但是否所有建筑都适合采用装配式装修？一些企业经过一段时间的实践后碰到了不少问题，如市场接受程度、与个性化需求的矛盾、成本问题等。这些问题使得企业必须重新思考装配式装饰装修的市场定位。

2. 工业化部品相关问题

与装配式装饰装修的特点相对应，如何建立有效的、丰富的工业化部品库，是在战术层面上需要解决的三大基础课题之一。目前，我国建筑部品总体特点是产品丰富，但配套不够，缺少接口标准；各类部品都遵循自身标准，缺乏统一部品标准。

3. 装配式工法体系的问题

和传统装修方式不同，装配式装饰装修应用了大量工厂化制作的标准化部品部件，装修现场的施工工艺发生了很大的变化。原来靠不同工种手工操作来完成的工序现在被分解、简化成标准的安装步骤；现场施工的工人更像是产业工人，在生产线上进行装配。所以，装配式装饰装修现场就像一个总装车间，只是将工厂生产线延伸到了施工现场。

4. 接口技术

装配式装饰装修的特点表明装配式装饰装修不是孤立存在的体系，势必会涉及接口问题。目前，装配式装修遇到的问题大多与接口相关。战术层面三大基础课题中最难的也是接口技术。接口技术包括三类：一是部品与部品之间的接口技术；二是部品与结构体系的接口技术；三是标准化与个性化的接口技术。

6.8　装配式建筑施工质量通病分析

我国建筑行业在不断发展，施工技术与生产工艺水平在不断提升，但是，建筑工程对环境的破坏问题也越来越严重，预制装配式建筑的出现改善了建筑中高污染的现象，简化了现场施工的环节，有效地保护了施工现场的环境。但是，这种建筑方式在施工的过程中也存在一些问题，需要我们重视。本节总结了部分装配式建筑施工过程中经常出现的施工质量问题，并提出了防治措施。

1. 叠合板裂缝问题

叠合板裂缝如图6-59所示。

（1）原因分析：

叠合板养护时间不够，叠合板尚未达到规定强度。

图 6-59　叠合板裂缝

(2)处理措施：

①要求施工单位更换合格的叠合板,考虑现场进度,可以出具相关专项修补方案报监理、甲方审批通过后进行整改。

②要求施工单位加强现场管理,叠合板必须达到设计强度的100％方可进行拆模吊装。

③监理单位加强现场检查监督工作。

2.主筋不在箍筋内的问题

(1)问题描述：

主筋偏位,预制加工厂预留箍筋长度不足,节点处墙体主筋不在箍筋内,如图 6-60 所示,给结构安全带来隐患。

图 6-60　主筋不在箍筋内

(2)处理措施：

①采取相应的加强补救措施。

②加强现场施工管理,避免出现钢筋偏位现象。

③将信息及时反馈给加工厂,令其重新设计箍筋外伸长度,避免再次发生类似问题。

3.预制构件灌浆不密实的问题

预制构件灌浆不密实如图 6-61 所示。

(1)原因分析：

灌浆料配置不合理,灌浆管道不畅通、嵌缝不密实造成漏浆,操作人员粗心大意未灌满。

(2)预防措施：

①严格按照说明书的配比及放料顺序配制灌浆料,搅拌方法及搅拌时间根据说明书进行

图 6-61　预制构件灌浆不密实

控制。

②构件吊装前仔细检查注浆管、拼缝是否通畅,灌浆前半小时可适当洒水对灌浆管进行湿润,但不得有积水。

③使用压力注浆机,对一块构件中的灌浆孔一次连续灌满,并在灌浆料终凝前将灌浆孔表面压实抹平。

④灌浆料搅拌完成后保证 40 min 以内将料用完。

⑤加强操作人员培训与管理,提高操作人员施工质量意识。

4. 预制构件缺少预留拉筋的问题

预制构件缺少预留拉筋如图 6-62 所示。

图 6-62　预制构件缺少预留拉筋

(1)原因分析:

主要是设计问题,设计时考虑不够周全,造成部分重要节点处设计不合理。

(2)处理措施:

①施工单位对现浇节点处加强检查,监理单位、甲方进行复查。

②要求设计中对此部位增加拉筋,并要求认真检查设计情况,如有遗漏,及时整改。

③对于已经生产好的构件,还没有安装的,要求在侧面植墙拉筋;已经安装好的,后期接缝处做好加固措施。

5. 预制构件钢筋偏位的问题

预制构件钢筋偏位如图 6-63 所示。

(1)原因分析:

楼面混凝土浇筑前竖向钢筋未限位和固定,楼面混凝土浇筑、振捣使得竖向钢筋偏移。

图 6-63　预制构件钢筋偏位

（2）预防措施：

根据构件编号用钢筋定位框进行限位，适当采用撑筋撑住钢筋框，以保证钢筋位置准确。

混凝土浇筑完毕后，根据插筋平面布置图及现场构件边线或控制线，对预留插筋进行中心位置复核，对中心位置偏差超过 10 mm 的插筋根据图纸进行适当的校正。

6. 钢筋连接问题

（1）问题描述：

现浇节点处钢筋连接存在套筒接头处未拧紧、搭接流于形式、钢筋严重弯折等问题，如图 6-64 所示，给结构安全带来隐患。

图 6-64　钢筋连接问题

（2）原因分析：

一是钢筋套筒连接时工人操作不到位；二是现场监督管理不到位。

（3）处理措施：

①对钢筋套筒接头在平台混凝土浇筑时加强保护措施，避免接头上面有杂物。

②钢筋连接时要求工人采取清洗、涂油等措施，保证套筒连接质量符合规范要求。

③管理人员加强现场管理，对每个套筒连接处加强检查，监理做好旁站工作，工程部认真复检，发现问题及时整改。

7. 封口砂浆过多的问题

（1）问题描述：

楼梯井处外墙水平缝封口砂浆过多，如图 6-65 所示，严重影响灌浆质量。

（2）原因分析：

此部位下层预制构件未留企口，导致水平缝隙过大。

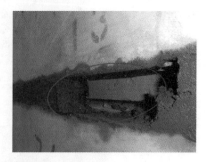

图 6-65 封口砂浆过多

（3）处理措施：

①重新采取封堵措施，并将处理方案报监理、甲方工程部审核通过后实施。

②要求施工单位加强现场管理，严禁封口砂浆过多导致灌浆质量无法保证。

8. 预制构件到场验收、堆放的问题

（1）问题描述：

预制构件现场随意堆放，出现上下排木方垫块不在一条直线上的现象，极容易产生裂缝。预制构件到场验收、堆放的问题如图 6-66 所示。

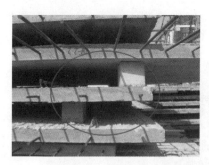

图 6-66 预制构件到场验收、堆放的问题

（2）处理措施：

预置构件堆放时，一是必须要求堆放场地比较平整，如场地不平，则需调整垫块，保证底层垫块在同一平面，保证底层预制构件摆放平整，受力均匀；二是叠合板堆放层数不能超过 10 层，以 6～7 层为宜；三是板与板之间不能缺少垫块，且竖向垫块需在一条直线上，所有垫块需满足规范要求。

9. 吊点位置设计不合理的问题

（1）问题描述：

现场吊装过程中，产生明显裂缝，破坏预制构件。吊点位置设计不合理如图 6-67 所示。

（2）原因分析：

一是预制构件本身吊点设计不合理；二是施工现场吊点设计不合理。

（3）处理措施：

①使本身吊点设计不合理的构件退场；

②要求重新设计吊点位置。

图 6-67　吊点位置设计不合理

10. 预制墙板吊装偏位的问题

（1）问题描述：

预制墙板吊装偏位比较严重，如图 6-68 所示，严重影响工程质量。

图 6-68　预制墙板吊装偏位

（2）原因分析：

夜间施工，墙体校验时出现失误。

（3）处理措施：

①校正墙体位置。

②施工单位加强现场施工管理，避免再次发生类似问题。

③监理单位加强现场检查监督工作。

11. 吊装碰损问题

（1）问题描述：

现场发现墙体封口砂浆部位出现明显裂缝，为吊装碰损，如图 6-69 所示。

（2）原因分析：

吊装时现场指挥人员失误，吊装过程中碰撞到已经固定好的预制墙体，造成墙体松动。

（3）处理措施：

①重新检查墙体垂直度，调整固定螺栓，确保预制墙体垂直稳定。

②封口位置重新施工，确保砂浆密实。

③施工单位加强现场吊装管理，规范吊装，避免野蛮施工吊装行为。

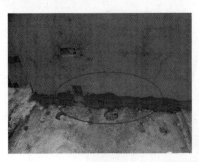

图 6-69　吊装碰损

12. 预制构件斜撑预埋螺栓固定点缺失的问题

(1)问题描述：

部分预制构件斜撑预埋螺栓固定点缺失(见图 6-70)、偏位,容易造成后期在楼板打孔植筋破坏预埋线管的隐患。

图 6-70　预制构件斜撑预埋螺栓固定点缺失

(2)处理措施：

①要求施工单位根据图纸确定所有固定点位置并做好相应标记,在浇筑混凝土前认真检查现场预留固定点位筋的数量和质量,既不能缺失,也不能偏位、超标。

②监理单位和甲方工程部要加强此部位的验收工作。

13. 预制构件管线遗漏、凿槽问题

(1)问题描述：

现场发现部分预制构件预埋管线缺少、偏位(见图 6-71)等现象,造成现场安装时需在预制构件上凿槽等问题,容易破坏预制构件。

图 6-71　预制构件预埋管线缺少、偏位

（2）原因分析：

一是构件加工过程中预埋管件遗漏；二是管线安装未按图施工。

（3）处理措施：

加强管理，预埋管线必须按图施工，不得遗漏，在浇筑混凝土前加强检查。

 6.9 装配式混凝土建筑施工方案编制 ⋯⋯⋯⋯⋯⋯⋯⋯⋯

6.9.1 装配式混凝土建筑施工方案编制要点

工程项目施工前，应该认真编写专项施工方案，编写时要突出装配式结构安装的特点，对施工组织及部署的科学性，施工工序的合理性，施工方法选用的技术性、经济性和实现的可能性进行科学的论证；能够满足科学合理地指导现场，组织调动人、机、料、具等资源完成装配式安装的总体要求；针对一些技术难点提出解决问题的方法。专项施工方案编制要点包括以下几项：

（1）编制依据：指导装配式混凝土建筑施工所必需的施工图（包括构件拆分图和构件布置图）和相关的国家标准及强制性条文与企业标准、标准图集、验收标准。

（2）工程概况，包括以下内容：

①工程总体情况简介（工程名称、地址、建筑规模和施工范围）；建设单位、设计单位、监理单位；质量和安全目标。

②工程设计结构及建筑特点（结构安全等级、抗震等级、地质水文、地基与基础结构以及消防、保温等要求）；重点说明装配式结构的体系形式和工艺特点、装配式楼栋分布、各楼栋预制构件应用情况、各预制构件平面布置情况，对工程难点和关键部位要有清晰的预判。

③工程环境特征（场地供水、供电、排水情况）；详细说明与装配式结构紧密相关的气候条件（雨、雪、风等特点），以及对构件运输影响大的道路、桥梁情况。

（3）施工准备与组织（技术准备、设备与机具、人员、现场条件、材料、试验）：结合项目的具体设计及现场条件、资源情况，所做的技术准备，吊装设备与机具准备，吊装人员组织与安排，现场施工条件具备情况，装配式混凝土建筑施工所需的材料供应组织，相应的试验准备等。

（4）施工部署（总体施工顺序、流水区段划分、标准层装配施工顺序、楼面工序衔接、穿插施工），要点如下：

①施工部署应该包括总体施工顺序、结构施工进度计划、构件生产计划、构件吊装进度计划、分部和分项施工进度计划等。

②合理划分流水施工段是保证装配式结构工程施工质量和进度以及高效进行现场组织管理的前提条件；装配式混凝土结构工程一般以一个单元为一个流水施工段，从每栋建筑某一单元开始流水式有序推进。

③对于装配式建筑标准层的预制构件数量及重量应予以明确，并应该编制预制构件吊装顺序图，为预制构件生产、运输和吊装的组织计划提供重要的依据。

④为满足构件吊装进度计划要求，各标准楼层楼面施工工程中不同工种的工序衔接安排、穿插配合要求等应明确。

⑤预制构件运输组织应包括车辆数量、运输路线、现场装卸方法、起重堆放安排等。

（5）装配施工工艺（各类预制构件的施工工艺、竖向支撑架安设、灌浆施工、拼缝打胶）：结合

149

项目具体预制构件设计情况,制订各类预制构件的施工工艺,包括标准楼层内竖向支撑架的搭设方法,与装配施工紧密相关的灌浆施工、拼缝打胶安排及质量保证措施等。

(6)质量标准及保证措施。

(7)主要管理措施。

(8)安全文明施工(安全管理措施、文明建设措施、应急响应机制等)。

(9)质量验收与成品保护。

(10)绿色施工与环境保护措施。

6.9.2 装配式混凝土建筑施工方案参考案例

以下为某装配式混凝土建筑工程施工方案实例。

1 工程概况、编制依据以及工程特点

1.1 工程概况

略。

1.2 编制依据

(1)PC结构施工图纸以及招标文件。

(2)《建筑结构可靠度设计统一标准》(GB 50068—2001)。

(3)《装配式混凝土建筑技术标准》(GB/T 54231—2016)。

(4)《建筑抗震设计规范》(GB 50011—2010)。

(5)《高层建筑混凝土结构技术规程》(JGJ 3—2010)。

(6)《装配式混凝土结构技术规程》(JGJ 1—2014)。

1.3 工程特点

1.3.1 主要特点

本工程为预制装配式混凝土结构,其主要特点是:

①现场结构施工采用预制装配式方法,使用楼板、楼梯等成品构件。

②预制装配式构件产业化。所有预制构件全部在工厂流水加工制作,制作的产品直接用于现场装配。

③在设计过程中,运用BIM技术,模拟构件的拼装,减少安装时的冲突。

④楼梯、叠合板、连廊栏杆均在PC构件的设计时考虑点位,设置预埋件,后续直接安装。

1.3.2 工程新技术特点

本工程新技术特点包括:产业化程度高,资源节约、绿色环保;构件工厂预制,制作精度易控制;构件的深化加工设计图具备现场的可操作性和相符性;施工垂直吊运机械选用与构件的尺寸组合合理;装配构件的临时固定连接方法合理;校正方法及应用工具合理;装配误差控制合理;预制构件连接控制与节点防水措施合理;施工工序控制与施工技术流程合理;有专业多工种施工劳动力组织与熟练人员培训;装配式结构非常规安全技术措施以及产品的保护合理,为新技术的推广做出了贡献。

2 施工部署

2.1 施工准备

2.1.1 技术准备

(1)开始施工前,应具备结构设计图、建筑图、相关基础图、混凝土结构施工总图、各分部工程施工详图(二次深化设计节点详图)及其他有关图纸等技术文件。

（2）安排地勘、设计、施工等主要技术人员全程参与图纸二次深化设计的节点布置，应该充分考虑梁、柱连接方式、位置，主梁与主梁连接方式、位置，主、次梁连接方式、位置等。

（3）积极参加图纸会审，与业主、设计单位、监理充分沟通，确定施工图纸、二次深化设计图纸等与其他专业工程设计文件无矛盾；确保与其他专业工程配合施工程序合理且应满足业主使用要求及建设意图。

（4）编制详细的施工组织设计、分项作业指导书等。施工组织设计包括工程概况及特点说明，工程量清单，现场平面布置，能源、道路及临时建筑设施等的规划，主要施工机械和吊装方法，施工技术措施及降低成本计划，专项施工方案，劳动组织及用工计划，工程质量标准，安全及环境保护等。其中吊装主要机械选型及平面布置是吊装作业重点。分项作业指导书可以细化为作业卡，主要用于使作业人员明确相应工序的操作步骤、质量标准、施工工具和检测内容、检测标准。

（5）依承接工程的具体情况，确定构件进场检验内容及适用标准，以及构件安装检验批划分、检验内容、检验标准、检测方法、检验工具，在遵循国家标准的基础上，参照部标、地标或其他权威机构认可的标准，确定后在工程中使用。

（6）组织必要的工艺试验，如焊接工艺试验、压型钢板施工及栓钉焊接检测工艺试验。根据结构深化图纸，验算结构框架安装时构件受力情况，科学地预计其可能的变形情况，并采取相应合理的技术措施来保证构件安装的顺利进行。

（7）和工程所在地的相关部门，如治安交通、绿化环保、文保、电力等部门，进行协调，并到当地的气象部门了解以往年份的气象资料，做好防风、防洪、防汛、防高温等措施。

2.1.2 材料准备

（1）该项目的所有材料，如焊接材料、高强度螺栓、压型钢板、栓钉等，必须符合现行国家产品标准和设计要求。

（2）构配件进场时必须随车携带有效的合格证、质量证明文件，预制混凝土构件还应该携带相应的检验批以及隐蔽验收记录等质量文件，同时提供验收规范需要提供的其他文件。

2.1.3 机具准备

机具准备如下表。

序 号	机具名称	型 号	数 量
1	汽车起重机	QY25	6 台
2	交直流电焊机	WS-316A	8 台
3	CO_2 气体保护焊机	NBC-250F	2 台
4	角向磨光机	S1M-HW3-100	6 台
5	超声波探伤仪	CTD290	3 台
6	葫芦	2～6 吨	6 台
7	经纬仪	DT-02	2 台
8	水准仪	DS-32	2 台
9	全站仪	GTS-332	1 台

2.2 作业条件

（1）各类设计图会审完毕。

（2）根据结构深化图纸，验算结构框架安装时构件受力情况，科学地预计其可能的变形情况，并采取相应合理的技术措施来保证安装的顺利进行。

（3）各专项工种施工方案审核完成。

（4）钢筋混凝土基础完成，并验收合格。

（5）施工临时用电、用水线路铺设到位。

（6）劳动力进场。

（7）施工机具安装调试验收合格。

（8）构件进场验收检查合格。

2.3 工程目标

2.3.1 安全施工目标

整个施工过程中杜绝重大伤亡事故，月事故（轻伤）发生频率控制在 1.6‰ 以内。

2.3.2 文明施工目标

按国家有关文件规定实行安全文明施工。

2.3.3 进度施工目标

本进度施工目标在保障施工总进度计划实现的前提下，在施工过程中投入相应数量的劳动力、机械设备、管理人员，并根据施工方案合理有序地对人力、机械、物资进行有效调配，保证计划中各施工节点如期完成。

3 装配式混凝土结构施工

3.1 预制构件的运输

（1）预制构件运输过程中应做好安全和成品保护，应根据预制构件特点采取可靠的固定措施。

（2）对于超高、超宽、形状特大的大型预制构件，运输和存放时应制订专门的质量安全保证措施。

（3）运输时应采取以下防护措施：

①设置柔性垫片，避免预制构件边角部位或链索接触处的混凝土受到损伤。

②用塑料薄膜包裹垫块以避免预制构件外观受到污染。

③墙板门窗框、装饰表面和棱角采用塑料贴膜或其他措施防护。

④竖向薄壁构件设置临时防护支架。

⑤装箱运输时，箱内四周采用木材或柔性垫片填实，支撑牢固。

（4）根据构件的特点采用不同的运输方式，托架、靠放架、插放架应进行专门设计，进行强度、稳定性和刚度验算。

①外墙板宜采用直立式运输，外饰面层应朝外，梁、板、楼梯、阳台宜采用水平运输。

②采用靠放架运输时，构件与地面倾斜角宜大于 80°，构件应对称靠放，每侧不大于 2 层，构件层间上部用木垫块隔离。

③采用插放架直立运输时，应采取防止构件倾倒措施，构件之间应设置隔离垫块。

④水平运输时，预制梁、柱构件叠放不宜超过 3 层，板类构件叠放不宜超过 6 层。

3.2 预制构件的存放

（1）存放场地应平整、坚实，并应有排水措施。

（2）存放库区宜实行分区管理和信息化台账管理。

（3）应按照产品品种、规格型号、检验状态分类存放，产品标识应明确、耐久，预埋吊件应朝上,标识应朝外。

(4)应合理设置垫块支点位置,确保预制构件存放稳定,支点宜与起吊位置一致。

(5)与清水混凝土面接触的垫块应采取防污染措施。

(6)预制构件多层叠放时,每层构件间的垫块上下对齐;预制楼板、叠合板、阳台板和空调板等构件宜平放,叠放层数不宜超过6层;长期存放时,应采取措施控制预应力构件起拱值和叠合板翘曲变形。

(7)预制柱、梁等细长构件宜平放且用两条垫木支撑。

(8)预制内外墙板、挂板宜采用专用支架直立存放,支架应有足够的强度和刚度,薄弱构件、构件薄弱部位和门窗洞口应采取防止变形开裂的临时加固措施。

3.3 预制构件的安装施工

3.3.1 施工准备

(1)装配式混凝土结构施工应制订专项施工方案。专项施工方案应包括工程概况、编制依据、进度计划、施工场地布置、预制构件运输及存放、安装与连接施工、绿色施工、安全管理、质量管理、信息化管理、应急预案等内容。

(2)预制安装构件、安装用材料及配件等应符合国家现行有关标准及产品应用技术手册的规定,并应按照国家现行相关标准的规定进行进场验收。

(3)施工现场应根据施工平面规划设置运输通道和存放场地,现场运输道路和存放场地应坚实、平整,有排水措施;施工现场内道路应按照构件运输车辆的要求合理设置转弯半径及道路坡度;构件运到存放场地后,其存放应符合相关规定。

(4)安装施工前,应进行测量放线,设置构件安装定位标识。测量放线应符合现行国家标准《工程测量标准》的相关规定。

(5)安装施工前,应核对已施工完成结构、基础的外观质量和尺寸偏差,确认混凝土的强度和预留预埋件符合设计要求,预制构件的混凝土强度及预制构件和配件的型号、规格、数量等应符合设计要求。

(6)安装施工前,应复核吊装设备的吊装能力,应按现行行业标准《建筑机械使用安全技术规程》的有关规定,检查复核吊装设备及吊具是否处于安全操作状态,并核实现场环境(天气、道路状况等)是否满足吊装施工要求。

(7)高空作业人员应正确使用安全防护用品,宜采用工具式操作架进行安装作业。

3.3.2 预制构件安装

(1)应根据当天的作业内容进行班前安全技术交底。

(2)预制构件应按照吊装顺序预先编号,吊装时严格按编号顺序起吊。

(3)在预制构件吊装过程中,应设置缆风绳控制构件转动。

(4)应根据预制构件的形状、尺寸、重量和作业半径等要求选择吊具和起重设备,所采用的吊具和起重设备及其操作,应符合国家现行的有关标准及产品应用技术手册的规定。

(5)吊点数量、位置应经计算确定,应保证吊具连接可靠,应采取保证起重设备的主钩位置、吊具及构件中心在竖直方向上重合的措施。

(6)吊索水平夹角不宜小于60°,不应小于45°。

(7)应采取慢起、稳升、缓放的操作模式,吊运过程应保持稳定,不得偏斜、摇摆和扭转,严禁吊装构件长时间悬停在空中。

(8)吊装大型构件、薄壁构件或形状复杂的构件时,应使用分配梁或分配桁架类吊具,并应采

取避免构件变形和损伤的临时加固措施。

3.3.3 预制构件吊装就位后

预制构件吊装就位后应及时校准并采取临时固定措施。

(1)预制墙板、预制柱等竖向构件安装后,应对安装位置、安装标高、垂直度进行校核与调整。

(2)叠合楼板构件、预制梁等水平构件安装后应对安装位置、安装标高进行校核与调整。

(3)水平构件安装后,应对相邻预制构件平整度、高低差、拼缝尺寸进行校核与调整。

(4)装饰类构件应对装饰面的完整性进行校核与调整。

(5)临时固定措施、临时支撑系统应具有足够的强度、刚度和整体稳定性,应按现行国家标准《混凝土结构工程施工质量验收规范》的有关规定进行验收。

3.3.4 预制构件与吊具的分离

预制构件与吊具的分离应在校准定位及临时支撑安装完成后进行。

3.3.5 竖向预制构件的临时支撑

竖向预制构件安装采用临时支撑时,应符合下列规定:

(1)预制构件的临时支撑不宜少于2道。

(2)对预制柱、墙板构件的上部斜支撑,其支撑点距离板底的距离不宜小于构件高度的2/3,且不应小于构件高度的1/2,斜支撑应与构件可靠连接。

(3)构件安装就位后,可通过临时支撑对构件的位置和垂直度进行微调。

3.3.6 水平预制构件的临时支撑

水平预制构件安装采用临时支撑时,应符合下列规定:

(1)首层支撑架体的地基应平整坚实,宜采取硬化措施。

(2)临时支撑的间距及其与墙、柱、梁的净距应经设计计算确定,竖向连续支撑层数不宜少于2层且上、下层支撑宜对准。

(3)叠合板预制底板下部支撑宜选用定型独立钢支柱,竖向支撑间距应计算确定。

3.3.7 预制柱安装

预制柱安装应符合下列规定:

(1)宜按照角柱、边柱、中柱顺序进行安装;与现浇部分连接的,宜先行吊装。

(2)预制柱的就位以轴线和外轮廓线为控制线,对于边柱和角柱,应以外轮廓线控制为准。

(3)就位前应设置柱底调平装置,控制柱安装标高。

(4)预制柱安装就位后应在两个相反方向设置可调节临时固定措施,并应进行垂直度、扭转等调整。

(5)采用灌浆套筒连接的预制柱调整就位后,柱脚连接部位宜采用模板封堵。

3.3.8 预制剪力墙板安装

预制剪力墙板安装应符合下列规定:

(1)与现浇部分连接的墙板宜先行吊装,其他宜按照"先外后内"的原则进行吊装。

(2)就位前应在墙板底部设置调平装置。

(3)采用灌浆套筒连接、浆锚搭接连接的夹芯保温外墙板应在保温材料部位采用弹性密封材料进行封堵。

(4)采用灌浆套筒连接、浆锚搭接连接的墙板需要分仓灌浆时,应采用座浆料进行分仓;多层剪力墙采用座浆法时应均匀铺设座浆料;座浆料强度应符合设计要求。

(5)墙板以轴线或轮廓线为控制线,外墙应以轴线和外轮廓线控制。

（6）安装就位后应设置可调斜支撑临时固定，测量预制墙板的水平位置、垂直度、高度等，通过墙底垫片、临时支撑进行调整。

（7）预制墙板调整就位后，墙底部连接部位应采用模板进行封堵。

（8）叠合墙板安装就位后进行叠合墙板拼缝处附加钢筋安装，附加钢筋应与现浇段钢筋网交叉点全部绑扎牢固。

3.3.9 预制梁或叠合梁安装

预制梁或叠合梁安装应符合下列规定：

（1）安装顺序宜遵循先主梁后次梁、先低后高的原则。

（2）安装前，应测量并修正临时支撑标高，确保与梁底标高一致，并在柱子上弹出梁边控制线；安装后根据控制线进行精密调整。

（3）安装前，应复核柱钢筋与梁钢筋位置、尺寸，对梁钢筋与柱钢筋位置有冲突的，应按照设计单位确认的技术方案调整。

（4）安装时梁伸入支座长度与搁置长度应符合设计要求。

（5）安装就位后应对水平度、安装位置、标高进行检查。

（6）叠合梁临时支撑应在后浇混凝土强度达到设计要求后方可拆除。

3.3.10 叠合板预制底板安装

叠合板预制底板安装应符合下列规定：

（1）预制底板吊装完成后应对底板接缝高差进行校核；当叠合板底板接缝高差不满足设计要求时，应将构件重新起吊，通过可调支座进行调节。

（2）预制底板的接缝宽度应满足设计要求。

（3）临时支撑应在后浇带混凝土强度达到设计要求后方可拆除。

3.3.11 预制楼梯安装

预制楼梯安装应符合以下规定：

（1）安装前，应检查楼梯构件平面定位及标高，并宜设置调平装置。

（2）就位后，应及时调整并固定。

3.3.12 预制阳台板、空调板安装

预制阳台板、空调板安装应符合下列规定：

（1）安装前，应检查支座顶面标高及支撑面的平整度。

（2）临时支撑应在后浇混凝土强度达到设计要求后方可拆除。

3.4 预制构件的连接

（1）模板工程、钢筋工程、预应力工程、混凝土工程要同时满足国家现行标准《混凝土结构工程施工质量验收规范》《钢筋套筒灌浆连接应用技术规程》等的有关规定，当采用自密实混凝土时，尚应符合现行行业标准《自密实混凝土应用技术规程》的有关规定。

（2）采用钢筋套筒灌浆连接、钢筋浆锚搭接连接的预制构件施工，应符合以下规定：

①现浇混凝土中伸出的钢筋应采用专用模具进行定位，并应采用可靠的固定措施控制连接钢筋的中心位置及外露长度，使其满足设计要求。

②构件安装前应检查预制构件上套筒、预留孔的规格、位置、数量和深度，当套筒、预留孔内有杂物时，应清理干净。

③应检查被连接钢筋的规格、数量、位置和长度。当连接钢筋倾斜时应进行校直；但钢筋偏离套筒或孔洞中心线不宜超过 3 mm。连接钢筋中心位置存在严重偏差影响预制构件安装时，

应会同设计单位制订专项处理方案,严禁随意切割、强行调整定位钢筋。

(3)钢筋套筒灌浆连接接头应按检验批划分要求及时灌浆,灌浆作业应符合现行行业标准《钢筋套筒灌浆连接应用技术规程》的相关规定。

(4)钢筋机械连接的施工应符合现行行业标准《钢筋机械连接技术规程》的相关规定。

(5)焊接或螺栓连接的施工应符合国家现行标准《钢结构焊接规范》《钢结构工程施工规范》等的有关规定,采用焊接连接时,应采取避免损伤已施工完成的结构、预制构件及配件的措施。

3.5 成品保护

3.5.1 预制构件成品保护规定

预制构件成品应符合以下规定:

(1)预制构件成品外露保温板应采取防止开裂措施,外露钢筋应采取防弯折措施,外露预埋件和拉结件等外露金属件应按不同环境类别进行防护或防腐、防锈。

(2)采取保证吊装前预埋螺栓孔清洁的措施。

(3)钢筋连接套筒、预埋孔洞应采取防止堵塞的临时封堵措施。

(4)露骨料粗糙面冲洗完成后应对灌浆套筒的灌浆孔和出浆孔进行透光检查,并清理灌浆套筒内的杂物。

(5)冬季生产和存放的预制构件的非贯穿孔洞应采取措施防止雨、雪水进入发生冻胀损坏。

3.5.2 预制构件运输过程保护

预制构件在运输过程中应做好安全和成品防护,并应符合下列规定:

(1)应根据预制构件种类采取可靠的固定措施。

(2)对于超高、超宽、形状特殊的大型预制构件的运输和存放,应采取专门的质量安全保证措施。

(3)运输时要采取如下防护措施:

①设置柔性垫片,避免预制构件边角部位或链索接触处的混凝土被损伤。

②用塑料薄膜包裹垫块,避免预制构件外观被污染。

③墙板门窗框、装饰表面和棱角采用塑料贴膜或其他措施防护。

④竖向薄壁构件设置临时防护支架。

⑤装箱运输时,箱内四周采用木材和柔性垫片填实、支撑牢固。

(4)应根据构件特点采用不同的运输方式,托架、靠放架、插放架应进行专门设计,进行强度、稳定性和刚度的验算。

①外墙板宜采用直立式运输,外饰面层应朝外,梁、板、楼梯、阳台宜采用水平运输。

②采用靠放架立式运输,外饰面与地面倾角宜大于80°,构件应对称靠放,每侧不大于2层,构件层间上部采用木垫块隔开。

③采用插放架直立运输时,应采取防止构件倾倒措施,构件之间应设置隔离垫块。

④水平运输时,预制梁、柱构件叠放不宜超过3层,板类构件叠放不宜超过6层。

3.5.3 安装施工时的成品保护

安装施工时的成品保护应符合以下规定:

(1)交叉作业时,应做好工序交接,不得对已完成工序的成品、半成品造成破坏。

(2)在装配式混凝土建筑施工全过程中,应采取防止构件、部品及预制构件上的建筑附件、预埋铁件、预埋吊件等损伤或污染的保护措施。

（3）预制构件上的饰面砖、石材、涂层、门窗等处宜采用贴膜保护或其他专业材料保护。安装完成后，门窗框应采用槽型木框保护。

（4）连接止水条、高低扣、墙体转角等薄弱部位时，应采用定型保护垫块或专用套件做加强保护。

（5）预制楼梯饰面层应采用铺设木板或其他覆盖形式的成品保护措施，楼梯安装结束后，踏步口宜铺设木条或其他覆盖形式保护。

（6）遇有大风、大雨、大雪等恶劣天气时，应采取有效措施对存放的预制构件成品进行保护。

（7）装配式混凝土建筑的预制构件和部品在安装施工过程、施工完成后不应受到施工机具的碰撞。

（8）施工梯架、工程用的物料等不得支撑、顶压或斜靠在部品上。

（9）当进行混凝土地面施工等工序时，应防止物料污染、损坏预制构件和部品表面。

4 质量保证措施

4.1 组织保证措施

（1）为实现本工程的质量目标，建立完善的质量保证体系，并认真贯彻执行 ISO 9001 质量管理体系系列程序文件，实施一系列管理措施；进行全员质量意识教育，树立"质量就是生命，责任重于泰山"的思想。

（2）实现质量责任制度，层层落实质量责任，形成经理部、工程处、班组三级质量管理网络。

（3）建立工程 QC 小组，积极开展全面质量管理活动，对复杂的施工工序开展 QC 小组攻关，通过 PDCA（计划、实施、检查、处理）循环不断提高质量。

（4）质量管理制度如下：

①技术交底制度：坚持以技术进步来保证施工质量的原则。技术部门编制有针对性的施工组织设计，积极采用新工艺、新技术，针对特殊工序要编制有针对性的作业指导书（如混凝土构件预拼装）。每个工种、每道工序施工前都要组织进行各级技术交底，包括专业工程师对工长的技术交底，工长对班组的技术交底，班组长对作业班组的技术交底。各级交底要以书面形式进行。因技术措施不当或交底不清而造成质量事故的要追究有关部门和人员责任。

②材料进场检验制度：本工程的钢筋、水泥及各类材料进场需具有出厂合格证，并根据国家规范要求分批量进行抽检，抽检不合格的材料一律不准使用。因使用不合格材料而造成质量事故的要追究验收人员的责任。

③施工挂牌制度：主要工种有钢筋、混凝土、模板、砌筑、抹灰及水电安装等，施工过程中在现场实行挂牌制度，注明管理者、操作者、施工日期。

此外，还应坚持图纸会审制度，最大限度地把可能出现的问题解决在施工之前。精心编制施工组织设计、施工方案，并认真进行技术交底后，还应执行严格审批制度。任何一项技术措施的出台都必须履行审批制度，符合审批程序。坚持样板引路制度，先做样板或先做试验，经验收合格后再进行大面积施工。

（5）施工前工长必须进行技术、质量、安全的详细书面交底，交底双方签字。关键过程、特殊过程的技术交底资料应经技术部负责人或项目总工程师审批。

4.2 施工过程的质量保证措施

（1）钢筋半成品、钢筋网片、钢筋骨架和钢筋桁架检查合格后才可进行安装，并应严格按照下面要求执行：

①钢筋表面不得有油污，不应严重锈蚀。

②钢筋网片和钢筋骨架应采用专用吊架进行吊运。

③混凝土保护层厚度应满足设计要求,保护层垫块宜与钢筋骨架或网片绑扎牢固,按梅花状布置,间距满足钢筋限位及控制变形要求,钢筋绑扎丝甩扣应弯向构件内侧。

④钢筋成品的尺寸应严格按照下表进行检查,符合要求后才可以进行下道工序。

项 目		允许偏差/mm	检验方法
钢筋网片	长、宽	±6	钢尺检查
	网眼尺寸	±10	钢尺量连续三挡,取最大偏差值
	对角线	6	钢尺检查
	端头不齐	6	钢尺检查
钢筋骨架	长	0,−6	钢尺检查
	宽	±6	钢尺检查
	主筋间距	±10	钢尺量两端、中间各一点,取最大偏差值
	主筋排距	±6	钢尺量两端、中间各一点,取最大偏差值
	箍筋间距	±10	钢尺连续量三挡,取最大偏差值
	弯起点位置	16	钢尺检查
	端头不齐	6	钢尺检查
	保护层 柱、梁	±6	钢尺检查
	保护层 板、墙	±3	钢尺检查

(2)预制构件浇筑混凝土前应采取的保证质量的措施包括:

①钢筋的牌号、规格、数量、位置、间距等应严格检查。

②检查纵向受力钢筋的连接方式、接头位置、接头质量、接头面积百分率、搭接长度、锚固方式及锚固长度。

③检查箍筋弯钩的弯折角度及平直段长度是否满足规范要求。

④检查钢筋的保护层厚度是否满足规范要求。

⑤检查预埋件、吊环、插筋、灌浆套筒、预留孔洞、金属波纹管的规格、数量、位置及固定措施是否符合设计要求。

⑥检查预埋线盒和管线的规格、数量、位置及固定措施是否满足验收规范。

⑦检查夹芯外墙板的保温层位置和厚度及拉结件的规格、数量和位置是否符合设计要求。

⑧检查预留孔洞的规格、数量、位置、灌浆孔、排气孔、锚固区局部构造是否满足设计及规范要求。

(3)预制构件出厂检验内容及要求:

①型式检验。

a.不同混凝土强度、规格、材料、工艺制成的预制构件每年应由相关部门认可的检测机构进行型式检验,提供检验合格报告。

b.型式检验报告的内容应包括混凝土强度、外观质量、外形几何尺寸、耐久性能、耐火性能、钢筋保护层厚度等;对涉及结构安全的构件应进行承载力等结构性能检验;对外墙、屋面等有防水防渗要求的构件应进行抗渗性能检验;对有保温隔热等要求的构件应按相关规范要求进行保温隔热性能等检验。

②结构性能检验。

预制构件应依据《混凝土结构工程施工质量验收规范》(GB 50204—2015)等现行规范相关要求进行结构性能检验,检验批未检验或检验不合格的预制构件不得出厂使用。当预制构件进场不做结构性能检验时,应按《混凝土结构工程施工质量验收规范》第9.2.2条第3款的要求进行驻厂监造或进场实体检验。

预制构件结构性能检验应按标准图或设计要求的试验参数实施。

③出厂检验。

出厂检验由生产厂家专职质检人员等组织具体实施。

预制构件出厂前应进行混凝土强度、观感质量、外形尺寸、预埋件、钢筋位置安装偏差等检验,隐蔽工程检查验收记录应该齐全,其检验批的划分应符合方案及相应规范规定。

预制构件出厂检验观感质量不宜有一般缺陷,不应有严重缺陷。存在一般缺陷的构件,应按技术处理方案进行处理;存在严重缺陷的构件,一律不得出厂。

预制构件出厂的预留钢筋、拉结件、预埋件和预留孔洞的规格、数量、位置等应符合设计要求,允许偏差应符合相应规范要求。

④信息化标识要求。

预制构件生产单位应通过统一的信息系统制作带有唯一性识别码的芯片或二维码,出厂构件采用预埋芯片或粘贴二维码的方式进行标识,芯片或二维码信息内容应包含工程名称、构件名、型号、生产单位、执行标准、制作浇筑日期、出厂日期、合格/修补状态、合格证号、质检人、生产负责人、驻厂监理人、验收及监管等。检验不合格、标识不全的产品不得出厂。

(4)安装前应做好以下准备工作:

①应编制施工组织设计和专项施工方案,包括安全、质量、环境保护方案及施工进度计划等内容。

②应对所有进场部品、零配件及辅助材料按设计规定的品种、规格、尺寸和外观要求进行检查。

③应进行技术交底。

④现场应具备安装条件,安装部位应清理干净。

⑤装配前应进行必要的测量放线工作。

(5)装配式混凝土结构的尺寸偏差及检验方法应符合下表规定。

项　　目		允许偏差 /mm	检 验 方 法
构件中心线 对轴线位置	基础	16	经纬仪或尺量
	竖向构件(柱、墙、桁架)	8	
	水平构件(梁、板)	6	
构件标高	梁、柱、墙、板底面或顶面	±6	经纬仪或拉线、尺量
构件垂直度	柱、墙 ≤6 m	6	经纬仪或吊线、尺量
	柱、墙 >6 m	10	
构件倾斜度	梁、桁架	6	经纬仪或吊线、尺量

项 目		允许偏差/mm	检验方法
相邻构件平整度	板断面	6	2 m靠尺和塞尺量测
	梁、板底面 外露	3	
	梁、板底面 不外露	6	
	柱、墙侧面 外露	6	
	柱、墙侧面 不外露	8	
构件搁置长度	梁、板	±10	尺量
支座、支垫中心	板、梁、柱、墙、桁架	10	尺量
墙板接缝	宽度	±6	尺量

(6)后浇混凝土的施工应符合下列规定：

①预制构件结合面疏松部分的混凝土应剔除并清理干净。

②混凝土分层浇筑高度应符合国家现行有关标准的规定,应在底层混凝土初凝前将上一层混凝土浇筑完毕。

③浇筑时应采取保证混凝土或砂浆密实的措施。

④预制梁、柱混凝土强度等级不同时,预制梁柱节点区混凝土强度等级应符合设计要求。

⑤混凝土浇筑前应布料均衡,浇筑和振捣时,应对模板及支架进行观察和维护,发生异常情况应及时处理;构件接缝混凝土浇筑和振捣应采取措施防止模板、相连接构件、钢筋、预埋件及其定位件移位。

5 PC结构安全文明与施工

5.1 PC结构安全与施工

5.1.1 脚手架平面布置以及特殊临边防护外架

本次PC住宅楼采用落地外脚手架和悬挑脚手架特殊外架临边围挡作为吊装施工及外墙清理安全防护措施,脚手架基础为在坚实地基上(回填土夯实)浇捣形成的整条通长混凝土板带。搭设按结构层次施工顺序逐步由下向上进行,满足预制墙板结构施工需要,施工完毕后,由人工和塔吊配合拆除。

5.1.2 安全通道及高压线防护架

适用范围:可利用多功能组合钢架及其他标准的构件完成多种临时设施的搭设,包括人行安全通道、车行安全通道、仓库及各种加工棚。

5.1.3 楼层楼梯扶手

适用范围:安装在不同长度、不同斜度的楼梯段作为临边防护。

结构、型号:采用内插式钢管,弯头可调节,杆件可伸缩。

制作特点:采用国家标准钢材,严格按图施工制作。尺寸正确,连接方便、牢固,达到安全防护目的。

产品特点:楼梯扶手栏杆采用工具式短钢管接头,立杆采用膨胀螺栓与结构固定,为内插式钢管栏杆,使用结束后可拆卸以重复使用。

安装要求:立杆安装要求位置正确,垂直,底座膨胀螺栓与结构固定平整牢固,为内插式钢管栏杆连接,螺丝不遗漏。

颜色要求:扶手栏杆颜色采用黄、黑两色(油漆二度)。

5.1.4 电梯井安全门

适用范围:电梯井安全门是建筑施工现场预防人身伤害必备的保护设施,它涉及高层建筑、多层建筑、综合性工业厂房等建筑施工工地。

结构、型号:电梯井安全门全部由钢结构组成,适用于门洞宽度为 900～1 200 mm 的电梯井。

制作特点:采用国家标准钢材,严格按图施工制作,尺寸正确,电焊接点牢固,达到安全防护之目的,喷漆均匀,安全门安装离地 200 mm。

产品特点:为门式,结构简洁,安装、使用方便,质量安全可靠,符合安全生产保证体系要求。

安装要求:铰链固定要求横平竖直,标高准确,铰链固定用膨胀螺栓,要求拧紧;安全门安装离地 200 mm。

颜色要求:电梯井安全门采用黄色,门下部挡脚板采用黄、黑间隔,宽度为 160 mm,60°斜向布置。

5.1.5 基坑临边防护围挡

适用范围:适用于基坑周边区域的围护及施工区域的分隔,并可用于电梯井安全门布设。

结构、型号:基坑临边防护栏由钢立管和插片式防护围栏组成,各构件由螺栓锚固。

制作特点:采用国家标准钢材,严格按图施工制作;尺寸正确,焊接牢固,达到安全防护目的。

产品特点:结构简单,安装使用方便,外观大方,质量安全可靠,可反复使用。

安装要求:基坑周边防护围栏的立管底座应埋入混凝土翻梁内,梁截面为 160 mm×160 mm,护栏距地总高度为 1 200 mm;用于电梯井安全门时,应采用拼装式网片,护栏通过锚固钢板同电梯井边墙面有稳妥拉结,各锚固件位置和栏板高度尺寸应符合设计要求。

颜色要求:ϕ48 钢管、定型网片、角钢框均为黄色(油漆二度)。

5.1.6 PC 板安装与施工

PC 板吊装、卸车需垂直起吊,在卸车过程中各相关人员相互配合,完成放置过程,严禁非吊装人员进入吊装区域,PC 板挂钩之后要检查一遍挂钩是否锁紧,起吊要慢、稳,保证 PC 板在吊装过程中不左右摇晃。在楼层外架上安装作业人员须系牢安全带、佩戴安全帽等。

(1)PC 板吊装工人必须经过三级教育及安全生产知识考试合格,并且接受安全技术交底。

(2)吊装各项工作要固定人员,不准随便换人,以便工人熟练掌握技能,外架吊装作业时按要求系牢安全带,确保施工安全。

(3)PC 板吊装工人每次作业必须检查钢丝绳、吊钩、手拉葫芦、吊环螺丝等有关安全环节吊具,确保完好无损、无带病使用情况后方可进行作业。

(4)PC 板离开地面后,所有工人必须撤离 PC 板运行轨道及其附近区域。

(5)PC 板上预留的起吊点(螺栓孔)必须全部利用到位且螺栓必须拧紧,严禁吊装工人贪图快速减少螺栓连接点。

(6)PC 板吊装工人必须与塔吊班组配合,禁止野蛮施工,遇 6 级及 6 级以上大风时 PC 板吊装工人不得强求塔吊班组继续作业。

(7)PC 板吊装时必须采用"四点吊",且必须按照图纸中明确的吊点位置的预留吊点孔洞进行加固起吊,不得利用 PC 板上其他预留孔洞进行起吊。

(8)PC 板吊装时四条吊装钢丝绳必须采用同规格、同长度(4 m)进行吊装,否则吊装时受力不稳易发生脱落现象。

5.2 文明施工措施

5.2.1 场容场貌管理

(1)按照要求实行封闭施工,施工区域设围栏围护,大门设置门禁系统,按日式管理实行人员打卡进入制度,着装标准化,闲杂人员一律不得入内。

(2)施工现场的场容管理,实施划区域分块包干,责任区域挂牌示意,生活区管理规定挂牌昭示全体。

(3)制定施工现场生活卫生管理、检查、评比考核制度。

(4)工地主要出入口设置施工标牌,内容包括工程概况、管理人员名单、安全六大纪律牌、安全生产计时牌、十项安全技术措施、防火须知牌、卫生责任包干图和施工总平面图。

(5)现场布置安全生产标语和警示牌,做到无违章。

(6)施工区、办公区、生活区挂标志牌,危险区设置安全警示标志。在主要施工道路口设置交通指示牌。

(7)确保周围环境清洁卫生,做到无污水外溢,围栏外无渣土、无材料、无垃圾堆放。

(8)环境整洁,水沟通畅,生活垃圾每天用编织袋装袋外运,生活区域定期喷洒药水,灭菌除害。

5.2.2 临时道路管理

(1)进出车辆门前派专人负责指挥。

(2)现场施工道路畅通。

(3)做好排水设施,场地及道路不积水。

(4)开工前做好临时施工便道,临时施工便道地面高于自然地面,道路外侧设置排水沟。

5.2.3 材料堆放管理

(1)各种设备、材料尽量远离操作区域,并不许堆放过高,防止倒塌落下伤人。

(2)进场材料严格按场地布置图指定位置进行规范堆放。

(3)现场材料员认真做好材料进场的验收工作(包括数量、质量、质保书),并且做好记录(包括车号、车次、运输单位等)。

(4)水泥仓库有管理规定和制度,水泥堆放十包一垛,过目成数,挂牌管理。水泥发放凭限额领料单,限额发放。仓库管理人员认真做好水泥收、发、存流水明细账。

(5)材料堆放按场地布置图严格堆放,杜绝乱堆、乱放、混放,特别是杜绝把材料堆靠在围栏、广告牌后,以防受力造成倒塌等意外事故发生。

课后练习

一、单选题

1.叠合梁采用组合封闭箍筋的形式时,开口箍筋上方应做成(　　)弯钩。

A.90°　　　　　　　B.120°　　　　　　　C.135°　　　　　　　D.145°

2.叠合板中预制板内的纵向受力钢筋锚入支承梁或墙的后浇混凝土中,锚固长度不应小于(　　)。

A.2.5d　　　　　　B.5d　　　　　　　C.8d　　　　　　　D.10d

3. 装配式混凝土建筑施工前,应对首次采用的施工工艺进行评价并制订专门的施工方案,施工方案经( )审核批准后实施。

A. 项目经理　　　　　B. 建设单位　　　　　C. 技术负责人　　　　D. 监理单位

4. 下列关于预制剪力墙水平接缝说法错误的是( )。

A. 预制剪力墙底部接缝宜设置在楼面标高处

B. 接缝高度宜为 20 mm

C. 接缝宜采用灌浆料填实

D. 接缝处后浇混凝土表面应清理干净并保持光滑以保证安装方便

5. 下列关于预制柱的安装顺序正确的是( )。

A. 边柱→角柱→中柱　　　　　　　　　B. 中柱→边柱→角柱

C. 角柱→边柱→中柱　　　　　　　　　D. 边柱→中柱→角柱

6. 某装配整体式剪力墙结构,抗震设防烈度为 8 度,预制楼梯在支承构件上的最小搁置长度为( )mm。

A. 50　　　　　　　B. 75　　　　　　　C. 100　　　　　　　D. 150

7. 屋面层和平面受力复杂的楼层宜采用现浇楼盖,当采用叠合楼盖时,楼板的后浇混凝土叠合层厚度不应小于( )mm,且后浇层内应采用双向通长配筋。

A. 70　　　　　　　B. 80　　　　　　　C. 90　　　　　　　D. 100

8. 下列关于预制楼梯说法错误的是( )。

A. 预制楼梯宜一端设置固定铰,另一端设置滑动铰

B. 预制楼梯设置滑动铰的一端应采取防止滑落的构造措施

C. 抗震设防烈度为 6 度时预制楼梯在支承构件上的最小搁置长度为 100 mm

D. 预制楼梯与支承构件之间宜采用简支连接

9. 装配整体式框架结构中,采用叠合梁时,框架梁的后浇混凝土叠合层厚度不宜小于( )mm。

A. 100　　　　　　　B. 150　　　　　　　C. 200　　　　　　　D. 250

10. 下列选项中预制外挂墙板的安装流程正确的是( )。

A. 吊具安装→预制外挂墙板吊运及就位→安装及校正→预制外挂墙板与现浇结构节点连接→混凝土浇筑→预制外挂墙板间拼缝防水处理

B. 吊具安装→预制外挂墙板吊运及就位→预制外挂墙板与现浇结构节点连接→安装及校正→混凝土浇筑→预制外挂墙板间拼缝防水处理

C. 吊具安装→预制外挂墙板吊运及就位→安装及校正→预制外挂墙板与现浇结构节点连接→预制外挂墙板间拼缝防水处理→混凝土浇筑

D. 吊具安装→预制外挂墙板吊运及就位→预制外挂墙板与现浇结构节点连接→混凝土浇筑→预制外挂墙板间拼缝防水处理→安装及校正

11. 关于叠合板节点及面层混凝土浇筑说法正确的是( )。

A. 混凝土浇筑前,应将模板内及叠合面垃圾清理干净

B. 叠合板表面清理干净后,应在混凝土浇筑前 12 h 对节点及叠合面浇水湿润

C. 叠合板表面浇筑混凝土前 0.5 h 吸干积水

D. 叠合板节点采用与原结构同一标号的无收缩混凝土浇筑

12. 预制剪力墙构件吊装之前应采用(　　)以达到设计板底标高。

A. 座浆　　　　　　B. 聚乙烯棒　　　　　　C. 定位钢筋　　　　　D. 硬质垫片

13. 预制构件吊运时,吊绳与水平方向的夹角不应小于(　　)。

A. 40°　　　　　　B. 25°　　　　　　C. 45°　　　　　D. 30°

14. 下列有关预制剪力墙板安装说法正确的是(　　)。

A. 就位后,应在墙板底部设置调平装置

B. 采用灌浆套筒连接的夹芯保温外墙板应在保温材料部位采用弹性密封材料进行封堵

C. 与现浇部分连接的墙板宜最后吊装

D. 安装就位后应先调整预制墙板的水平位置、垂直度,后设置可调斜撑

15. 下列关于装配式混凝土结构的钢筋套筒灌浆施工说法错误的是(　　)。

A. 灌浆施工时,环境温度不应低于 5 ℃;当连接部位养护温度低于 10 ℃时,应采取加热保温措施

B. 灌浆操作全过程应有专职检验人员负责旁站监督并及时形成施工质量检查记录

C. 灌浆作业应采用压浆法从上口灌注,当浆料从下口流出后应及时封堵,必要时可设分仓进行灌浆

D. 灌浆料拌合物应在制备后 30 min 内用完

16. 安装预制受弯构件时,端部的搁置长度应符合设计要求,端部与支承构件之间应采用座浆或设置支承垫块,座浆或支承垫块厚度不宜大于(　　)。

A. 10 mm　　　　　B. 15 mm　　　　　C. 20 mm　　　　　D. 25 mm

17. 下列关于装配式混凝土结构后浇混凝土施工说法错误的是(　　)。

A. 预制构件结合面疏松部分的混凝土应剔除并清理干净

B. 模板应保证后浇混凝土部分形状、尺寸和位置准确,并应防止漏浆

C. 在浇筑混凝土前应洒水湿润结合面,混凝土应振捣密实

D. 同一配合比的混凝土,每工作班且建筑面积不超过 500 m² 应制作 1 组标准养护试件,同一楼层应制作不少于 3 组标准养护试件

18. 采用钢筋套筒灌浆连接、钢筋浆锚搭接连接的预制构件就位前,连接钢筋偏离套筒或孔洞中心线不宜超过(　　)。

A. 1 mm　　　　　B. 2 mm　　　　　C. 3 mm　　　　　D. 5 mm

19. 对预制墙板的上部斜支撑,其支撑点距离板底的距离不宜小于构件高度的(　　),且不应小于构件高度的 1/2。

A. 2/3　　　　　B. 2/5　　　　　C. 3/4　　　　　D. 3/5

二、多选题

1. 预制混凝土构件安装时须采用临时支撑。关于临时支撑的下列说法错误的有(　　)。

A. 临时支撑不宜少于 1 道

B. 预制墙板上部斜撑的支撑点距底部的距离不宜小于高度的 1/3

C. 预制墙板上部斜撑的支撑点距底部的距离不宜小于高度的 2/3

D. 可通过临时支撑微调构件的位置

E. 预制墙板上部斜撑的支撑点距底部的距离不应小于高度的 1/2

2. 下列关于预制梁安装说法正确的有(　　)。

A. 安装顺序宜遵循先主梁后次梁、先高后低的原则

B. 安装前,应测量并修正临时支撑标高,确保与梁底标高一致

C. 安装前,应复核柱钢筋与梁钢筋的位置、尺寸

D. 安装时梁伸入支座的长度与搁置长度应符合设计要求

E. 梁钢筋与柱钢筋位置有冲突的,应按经监理单位确认的技术方案调整。

3. 下列关于后浇混凝土的施工正确的有(　　)。

A. 预制构件结合面疏松部分的混凝土应剔除并清理干净

B. 混凝土分层浇筑应在底层混凝土终凝前将上一层混凝土浇筑完毕

C. 浇筑时应采取保证混凝土或砂浆浇筑密实的措施

D. 预制梁、柱混凝土强度等级不同时,预制梁柱节点区混凝土强度等级应符合设计要求

E. 混凝土浇筑布料应均衡

4. 下列属于预制墙板施工中施工准备步骤的是(　　)。

A. 清理施工层地面

B. 检查墙板构件编号及外观质量

C. 现浇混凝土面凿毛处理

D. 墙板安装控制定位放线

E. 墙板支撑与地面预埋件安装

5. 预制墙板构件安装时应符合下列哪些规定?(　　)。

A. 构件安装前应清洁结合面

B. 构件底部应设置可调整接缝厚度和底部标高的垫块

C. 钢筋套筒灌浆连接接头灌浆前,应对接缝周围进行封堵

D. 多层预制剪力墙底部应采用座浆,其厚度不宜大于 20 mm

E. 钢筋套筒灌浆连接接缝周围封堵措施应符合结合面承载力设计要求

6. 装配整体式结构中,节点及接缝处的纵向钢筋连接宜根据接头受力、施工工艺等要求,选用(　　)。

A. 机械连接　　　　　　　　B. 套筒灌浆连接　　　　　　　　C. 浆锚搭接连接

D. 焊接连接　　　　　　　　E. 绑扎搭接连接

7. 下列关于预制墙板构件安装临时支撑的规定,说法正确的是(　　)。

A. 每个预制构件的临时支撑不宜少于 2 道

B. 墙板上的上部斜支撑,其支撑点到底部的距离不宜小于墙板高度的 2/3,且不应小于高度的 1/2

C. 构件安装就位后,可通过临时支撑对构件的位置和垂直度进行微调

D. 临时支撑在完成套筒灌浆施工后即可拆除

E.临时固定措施的拆除应在装配式混凝土剪力墙结构达到后续施工承载要求后进行

8.关于装配整体式混凝土剪力墙结构混凝土施工,说法正确的是(　　)。

A.浇筑前,应清除模板内杂物

B.表面干燥的模板上应洒水湿润,现场环境温度高于35 ℃时,宜对金属模板进行洒水降温

C.混凝土浇筑的布料点宜接近浇筑位置,应采取减少混凝土下料冲击的措施

D.宜先浇筑水平结构构件,后浇筑竖向结构构件

E.浇筑区域结构平面有高差时,宜先浇筑高区部分,再浇筑低区部分

9.下列关于混凝土施工时振捣棒振捣混凝土的说法正确的是(　　)。

A.应按分层浇筑厚度进行振捣,振捣棒的前端应插入前一层混凝土中,插入深度不应小于20 mm

B.振捣棒应垂直于混凝土表面并快插慢拔均匀振捣

C.当混凝土表面无明显塌陷、有水泥浆出现,不再冒气泡时,应结束该部位振捣

D.振捣棒与模板的距离不应大于振捣棒作用半径的60%

E.振捣插点间距不应大于振捣棒的作用半径的1.4倍

三、判断题

1.预制外墙接缝模板完成后可拆除临时支撑系统。(　　)

2.预制柱安装时的标高控制可在预制柱就位后进行。(　　)

3.预制剪力墙板安装时,与现浇部分连接的墙板宜先行吊装。(　　)

4.在混凝土养护时可采用直接洒水进行养护。(　　)

5.竖向预制构件安装采用临时支撑不宜少于4道。(　　)

6.混凝土振捣时应按分层浇筑厚度分别进行振捣,振捣棒的前端应插入前一层混凝土中,插入深度不应小于40 mm。(　　)

7.叠合框架梁的两端箍筋加密区宜采用整体封闭箍筋。(　　)

8.单向叠合板板侧的分离式接缝处紧邻预制板顶面宜设置平行于板缝的附加钢筋。(　　)

9.对于框架中间层端节点,当柱截面尺寸不满足梁纵向受力钢筋的接线锚固要求时,应采用锚固板锚固,不可采用90°弯折锚固。(　　)

10.外挂墙板的侧边不应与主体结构连接。(　　)

11.装配式结构中,预制构件的连接部位宜设置在结构受力较大部位。(　　)

12.预制构件的吊环应采用经冷加工的HPB300级钢筋制作。吊装用内埋式螺母或吊杆的材料应符合国家现行相关标准的规定。(　　)

13.混凝土浇筑的布料点宜接近浇筑位置,应采取减少混凝土下料冲击的措施,宜先浇筑水平构件,后浇筑竖向结构构件。(　　)

14.装配式剪力墙结构现浇混凝土模板的拆除顺序为:先支后拆,后支先拆,先拆承重模板后拆非承重模板,并应从上而下进行拆除。(　　)

15.装配式剪力墙结构中,多层剪力墙结构墙板水平接缝用座浆材料的强度等级不应低于被连接构件的混凝土强度等级值。(　　)

16.混凝土浇筑时宜先浇筑强度等级低的混凝土,后浇筑强度等级高的混凝土。( )

17.混凝土浇筑宜先浇筑水平结构构件,后浇筑竖向结构构件。( )

18.在混凝土浇筑过程中,若混凝土坍落度比较小,可加水后继续浇筑。( )

四、简答题

1.对临时斜撑系统的支设和拆除有哪些规定和要求?

2.简述预制混凝土墙、柱等竖向受力构件的安装施工工艺顺序。

3.钢筋套筒灌浆连接的灌浆施工工艺有哪些要求?

项目 7　装配式混凝土建筑质量控制与验收

7.1　工程质量控制概述 ·······································

工程质量控制是控制好各建设阶段的工作质量以及施工阶段各工序的质量,从而确保工程实体能满足相关标准规定和合同约定要求。对装配式混凝土结构工程,需要对项目前期(可行性研究、决策阶段)、设计、施工及验收各个阶段的质量进行控制。另外,由于其组成主体结构的主要构件在工厂内生产,还需要做好构件生产的质量控制。

7.1.1　工程质量控制的概念

建设工程质量简称工程质量,是指建设工程满足相关标准规定和合同约定要求的程度,包括其在安全、使用功能及耐久性能、节能与环境保护等方面所有明示和隐含的固有特性。建设工程质量控制是指在实现工程建设项目目标的过程中,为满足项目总体质量要求而进行的生产施工与监督管理等活动。质量控制不仅关系工程的成败、进度的快慢、投资的多少,而且直接关系国家财产和人民生命安全。因此,装配式混凝土建筑必须严格保证工程质量控制水平,确保工程质量安全。与传统的现浇结构工程相比,装配式混凝土结构工程在质量控制方面具有以下特点:

①质量管理工作前置。由于装配式混凝土建筑的主要结构构件在工厂内加工制作,装配式混凝土建筑的质量管理工作从工程现场前置到了预制构件厂。建设单位、构件生产单位、监理单位应根据构件生产质量要求,在预制构件生产阶段即对预制构件生产质量进行控制。

②设计更加精细化。对设计单位而言,为降低工程造价,预制构件的规格、型号需要尽可能地少;采用工厂预制、现场拼装以及水电管线等提前预埋,对施工图的精细化要求更高。因此,相对于传统的现浇结构工程,设计质量对装配式混凝土建筑工程的整体质量影响更大。设计人员需要进行更精细的设计,才能保证生产和安装的准确性。

③工程质量更易于保证。由于采用精细化设计、工厂化生产和现场机械拼装,构件的观感、尺寸偏差都比现浇结构更易于控制,强度稳定,避免了现浇结构质量通病的出现。因此,装配式混凝土建筑工程的质量更易于控制和保证。

④应用信息化技术。随着互联网技术的不断发展,数字化管理正成为装配式混凝土建筑质量管理的一项重要手段,尤其是 BIM 技术的应用,使质量管理过程更加透明、细致、可追溯。

7.1.2 装配式混凝土结构工程质量控制的依据

质量控制的主体包括建设单位、设计单位、项目管理单位、监理单位、构件生产单位、施工单位，以及其他材料的生产单位等。

质量控制的依据主要分为以下几类，不同的单位根据自己的管理职责，基于不同的管理依据进行质量控制。

1. 工程合同文件

建设单位与设计单位签订的设计合同、与施工单位签订的安装施工合同、与生产厂家签订的构件采购合同都是装配式混凝土建筑工程质量控制的重要依据。

2. 工程勘察与设计文件

工程勘察包括工程测量、工程地质和水文地质勘察等内容。工程勘察成果文件为工程项目选址、工程设计和施工提供科学可靠的依据。工程设计文件包括经过批准的设计图纸、技术说明、图纸会审、工程设计变更以及设计洽商、设计处理意见等。

3. 质量管理方面的法律法规与部门规章

①法律：《中华人民共和国建筑法》《中华人民共和国民法典》《中华人民共和国招标投标法》《中华人民共和国节约能源法》《中华人民共和国消防法》等。

②行政法规：《建设工程质量管理条例》《建设工程安全生产管理条例》《民用建筑节能条例》等。

③部门规章：《中华人民共和国建筑法建筑工程施工许可管理办法》《实施工程建设强制性标准监督规定》等。

4. 质量标准与技术规范（规程）

近几年装配式混凝土建筑兴起，国家及地方针对装配式混凝土建筑工程制定了大量的标准。这些标准是装配式混凝土建筑质量控制的重要依据。我国质量标准分为国家标准、行业标准、地方标准和企业标准，国家标准的法律效力要高于行业标准、地方标准和企业标准。我国《装配式混凝土建筑技术标准》（GB/T 51231—2016）为国家标准，《装配式混凝土结构技术规程》（JGJ 1—2014）为行业标准。以上两个标准不一致之处，本书以《装配式混凝土建筑技术标准》（GB/T 51231—2016）为准。

此外，适用于混凝土结构工程的各类标准，同样适用于装配式混凝土建筑工程。

7.1.3 影响装配式混凝土结构工程质量的因素

影响装配式混凝土结构工程质量的因素很多，归纳起来主要有 5 个方面，即人员素质、工程材料、机械设备、作业方法和环境条件。

1. 人员素质

人是生产经营活动的主体，也是工程项目建设的决策者、管理者、操作者，工程建设的全过程都是由人来完成的。

人的素质将直接或间接决定工程质量的好坏。装配式混凝土建筑工程由于机械化水平高、批量生产、安装精度高等特点，对人员的素质，尤其是生产加工和现场施工人员的文化水平、技术水平及组织管理能力，都有较高的要求。普通的农民工已不能满足装配式混凝土建筑的建设需

要,因此,培养高素质的产业化工人是确保建筑产业现代化向前发展的必然要求。

2. 工程材料

工程材料是指构成工程实体的各类建筑材料、构配件、半成品等,是工程建设的物质条件,是工程质量的基础。

装配式混凝土建筑是由预制混凝土构件或部件通过各种可靠的方式连接,并与现场后浇混凝土形成整体的混凝土结构,因此,与传统的现浇结构不同,预制构件、灌浆料及连接套筒的质量是装配式混凝土建筑质量控制的关键。预制构件混凝土强度、钢筋设置、规格尺寸是否符合设计要求、力学性能是否合格、运输保管是否得当、灌浆料和连接套筒的质量是否合格等,都将直接影响工程的使用功能、结构安全、使用安全乃至外表及观感等。

3. 机械设备

装配式混凝土建筑采用的机械设备可分为三类:第一类是指工厂内生产预制构件的工艺设备和各类机具,如各类模具、模台、布料机、蒸养室等,简称生产机具设备;第二类是指施工过程中使用的各类机具设备,包括大型垂直与横向运输设备、各类操作工具、各种施工安全设施,简称施工机具设备;第三类是指生产和施工中都会用到的各类测量仪器和计量器具等,简称测量设备。不论是生产机具设备、施工机具设备,还是测量设备,都对装配式混凝土结构工程的质量有着非常重要的影响。

4. 作业方法

作业方法是指施工工艺、操作方法、施工方案等。在混凝土结构构件加工时,为了保证构件的质量或受客观条件制约,需要采用特定的加工工艺,不适合的加工工艺可能会造成构件质量的缺陷、生产成本增加或工期拖延等;现场安装过程中,吊装顺序、吊装方法的选择都会直接影响安装的质量。装配式混凝土结构的构件主要通过节点连接,因此,节点连接部位的施工工艺是装配式结构的核心工艺,对结构安全起决定性作用。采用新技术、新工艺、新方法,不断提高工艺技术水平,是保证工程质量稳定提高的重要因素。

5. 环境条件

环境条件是指对工程质量特性起重要作用的环境因素,包括:①自然环境,如工程地质、水文、气象等;②作业环境,如施工作业面处理、防护设施、通风照明和通信条件等;③工程管理环境,主要是指工程实施的合同环境与管理关系的确定,组织体制及管理制度等;④周边环境,如工程邻近的地下管线、建(构)筑物等。环境条件往往对工程质量产生特定的影响。

7.1.4 装配式混凝土结构工程质量控制的阶段组成

从项目阶段性看,工程项目建设可以分解为不同阶段,不同的建设阶段对工程项目质量的形成有着不同的作用和影响。

1. 项目可行性研究阶段

项目可行性研究是在项目建议书和项目策划的基础上,运用经济学原理对投资项目的有关技术、经济、社会、环境及其他方面进行调查研究,对各种可能的拟建方案和建成投产后的经济效益、社会效益和环境效益进行技术经济分析、预测和论证,确定项目建设的可行性,并在可行的情况下,通过多方案比较选择出最佳建设方案,作为项目决策和设计的依据。在此过程中,需要确定工程项目的质量要求,并与投资目标相协调。因此,项目的可行性研究直接影响项目的决策质量和设计质量。

2. 项目决策阶段

项目决策阶段是通过项目可行性研究和项目评估,对项目的建设方案做出决策,使项目的建设充分反映业主的意愿,并与地区环境相适应,使得投资、质量、进度三者协调统一。因此,项目决策阶段对工程质量的影响主要是确定工程项目应达到的质量目标和水平。

3. 工程勘察、设计阶段

工程的地质勘察为建设场地的选择和工程的设计与施工提供地质资料依据。工程设计是根据建设项目总体需求(包括已确定的质量目标和水平)和地质勘察报告,对工程的外形和内在的实体进行筹划、研究、构思、设计和描绘,形成设计说明书和图纸等相关文件,使质量目标和水平具体化,为施工提供直接依据。

工程设计是决定工程质量的关键环节。工程采用什么样的平面布置和空间形式,选用什么样的结构类型,使用什么样的材料、构配件及设备等,都直接关系到工程主体结构的安全,关系到建设投资的综合功能是否充分体现规划意图等。设计的严密性、合理性也决定了工程建设的质量,是建设工程的安全、经济与环境保护等措施得以实现的保证。在一定程度上,设计的完美性也反映了一个国家的科技水平和文化水平。

4. 预制构件生产阶段

装配式混凝土建筑是由预制混凝土构件通过可靠的连接方式装配而成的混凝土结构,因此,预制构件的生产质量直接关系到整体建筑结构的质量与使用安全。

5. 工程施工阶段

工程施工是指按照设计图纸和相关文件的要求,在建设场地上将设计意图付诸实践的测量、作业、检验等,形成工程实体、建成最终产品的活动。每一个优秀的设计成果,只有通过施工才能变为现实。因此,工程施工活动决定了设计意图能否体现,直接关系到工程是否安全可靠、使用功能能否保证,以及外表观感能否体现建筑设计的艺术水平。在一定程度上,工程施工是形成实体质量的决定性环节。

6. 工程竣工验收阶段

工程竣工验收就是对工程施工质量进行检查评定、试车运转,考核施工质量是否达到设计要求、是否符合决策阶段确定的质量目标和水平,并通过验收确保工程项目质量。所以,工程竣工验收是保证最终产品质量的环节。

建设工程的每个阶段都对工程质量的形成起着重要的作用,因此对装配式混凝土建筑必须进行全过程控制,要把质量控制落实到建设周期的每一个环节。各阶段关于质量问题的重要程度和侧重点不同,应根据各阶段质量控制的特点和重点,确定各阶段质量控制的目标和任务。

7.2 预制构件生产的质量控制与验收 ·······························

7.2.1 生产制度管理

1. 设计交底与会审

预制构件生产前,应由建设单位组织设计、生产、施工单位进行设计文件交底和会审。当原设计文件深度不够,不足以指导生产时,需要生产单位或专业公司另行制作加工详图。如加工详

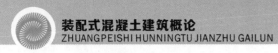

图与设计文件意图不同,应经原设计单位认可。加工详图包括:①预制构件模具图、配筋图;②满足建筑、结构和机电设备等专业要求和构件制作、运输、安装等环节要求的预埋件布置图;③面砖或石材的排板图,夹芯保温外墙板内、外叶墙拉结件布置图和保温板排板图等。

2.生产方案

预制构件生产前应编制生产方案,生产方案宜包括生产计划及生产工艺、模具方案及计划技术质量控制措施、成品存放运输和保护方案等。必要时,应对预制构件脱模、吊运、码放、翻转及运输等工况进行计算。预制构件和部品生产中采用新技术、新工艺、新材料、新设备时,生产单位应制订专门的生产方案;必要时进行样品试制,检验合格后方可实施。

3.首件验收制度

预制构件生产宜建立首件验收制度。首件验收制度是指结构较复杂的预制构件或新型构件首次生产或间隔较长时间重新生产时,生产单位需会同建设单位、设计单位、施工单位、监理单位共同进行首件验收,重点检查模具、构件、预埋件、混凝土浇筑成型中存在的问题,确认该批预制构件生产工艺是否合理,质量能否得到保障,共同验收合格之后方可批量生产。

4.原材料检验

预制构件的原材料质量、钢筋加工和连接的力学性能、混凝土强度、构件结构性能、装饰材料、保温材料及拉结件的质量等均应根据国家现行有关标准进行检查和检验,并应具有生产操作规程和质量检验记录。

5.构件检验

预制构件生产的质量应按模具、钢筋、混凝土、预应力等方面进行检验。预制构件的质量评定应根据钢筋、混凝土、预应力、预制构件的试验、检验资料等项目进行。预制构件上述各检验项目的质量均合格时,方可评定为合格产品。对新制或改制后的模具应按件检验。对重复使用的定型模具、钢筋半成品和成品应分批随机抽样检验,对混凝土性能应按批检验。模具、钢筋、混凝土、预制构件制作、预应力施工等的质量,均应在生产班组自检、互检和交接检的基础上,由专职检验员进行检验。

6.构件表面标识

预制构件和部品检查合格后,宜设置表面标识。预制构件的表面标识宜包括构件编号、制作日期、合格状态、生产单位等信息。

7.质量证明文件

预制构件和部品出厂时,应出具质量证明文件。目前,有些地方的预制构件生产实行了监理驻厂监造制度,这种情况下,应根据各地方技术发展水平细化预制构件生产全过程监测制度,驻厂监理应在出厂质量证明文件上签字。

7.2.2 预制混凝土构件生产的质量控制

生产过程的质量控制是预制构件质量控制的关键环节,需要做好生产过程各个工序的质量控制、隐蔽工程验收、质量评定和质量缺陷的处理等工作。预制构件生产企业应配备满足工作需求的质量员,质量员应具备相应的工作能力并经检测水平合格。

在预制构件生产之前,应对各工序进行技术交底,上道工序未经检查验收合格,不得进行下道工序。混凝土浇筑前,应对模具组装、钢筋及网片安装、预留及预埋件布置等内容进行检查验收。工序检查由各工序班组自行进行,检查方法为全数检查,应做好相应的检查记录。

1.模具组装的质量检查

预制构件生产应根据生产工艺、产品类型等制订模具方案,应建立健全模具验收、使用制度。模具应具有足够的强度、刚度和整体稳固性,并应符合下列规定:

①模具应装拆方便,并应满足预制构件质量、生产工艺和周转次数等要求。

②结构造型复杂、外形有特殊要求的模具,应制作样板,经检验合格后方可批量制作。

③模具各部件之间应连接牢固,接缝应紧密,附带的埋件或工装应定位准确、安装牢固。

④用作底模的台座、台模、地坪及铺设的底板等应平整光洁,不得有下沉、裂缝、起砂和起鼓现象。

⑤模具应保持清洁,涂刷脱模剂、表面缓凝剂时应均匀、无漏刷、无堆积,且不得污染钢筋,不得影响预制构件外观效果。

⑥应定期检查侧模、预埋件和预留孔洞定位措施的有效性;应采取防止模具变形和锈蚀的措施;重新启用的模具应检验合格后使用。

⑦模具与平模台间的螺栓、定位销、磁盒等固定方式应可靠,防止混凝土振捣成型时造成模具偏移和漏浆。

模具组装前,首先需根据构件制作图核对模板的尺才是否满足设计要求,然后对模板几何尺寸进行检查,包括模板与混凝土接触面的平整度、板面弯曲、拼装接缝等,再次对模具的观感进行检查,接触面不应有划痕、锈渍和氧化层脱落等现象。

预制构件模具尺寸偏差和检验方法应符合表 7-1 的规定。

表 7-1 预制构件模具尺寸允许偏差及检验方法

项次	检验项目、内容		允许偏差/mm	检 验 方 法
1	长度	≤6 m	1,−2	用尺量平行构件高度方向,取其中偏差绝对值较大处
		>6 m 且≤12 m	2,−4	
		>12 m	3,−5	
2	宽度、高（厚）度	墙板	1,−2	用尺测量两端或中部,取其中偏差绝对值较大处
3		其他构件	2,−4	
4	底模表面平整度		2	用 2 m 靠尺和塞尺量
5	对角线差		3	用尺量对角线
6	侧向弯曲		L/1 500 且≤5	拉线,用钢尺量测侧向弯曲最大处
7	翘曲		L/1 500	对角拉线测量交点间距离值的两倍
8	组装缝隙		1	用塞片或塞尺量测,取最大值
9	端模与侧模高低差		1	用钢尺量

注:L 为模具与混凝土接触面中最长边的尺寸。

构件上的预埋件和预留孔洞宜通过模具进行定位,并安装牢固,其安装偏差应符合表 3-4 的规定。

预制构件中预埋门窗框时,应在模具上设置限位装置进行固定,并应逐件检验。门窗框安装偏差和检验方法应符合表 3-5 的规定。

2. 钢筋成品、钢筋桁架的质量检查

钢筋宜采用自动化机械设备加工。使用自动化机械设备进行钢筋加工与制作,可减少钢筋损耗且有利于质量控制,有条件时应尽量采用。

钢筋连接除应符合现行国家标准《混凝土结构工程施工规范》(GB 50666—2011)的有关规定外,尚应符合下列规定:

①钢筋接头的方式、位置、同一截面受力钢筋的接头面积百分率、钢筋的搭接长度及锚固长度等应符合设计要求或国家现行有关标准的规定。

②钢筋焊接接头、机械连接接头和套筒灌浆连接接头均应进行工艺检验,试验结果合格后方可进行预制构件生产。

③螺纹接头和半灌浆套筒连接接头应使用专用扭力扳手拧紧至获得规定扭力值。

④钢筋焊接接头和机械连接接头外观质量应全数检查。

⑤焊接接头、钢筋机械连接接头、钢筋套筒灌浆连接接头力学性能应符合现行相关标准的规定。

钢筋半成品、钢筋网片、钢筋骨架和钢筋桁架应检查合格后进行安装,并应符合下列规定:

①钢筋表面不得有油污,不应严重锈蚀。

②钢筋网片和钢筋骨架宜采用专用吊架进行吊运。

③混凝土保护层厚度应满足设计要求。保护层垫块宜与钢筋骨架或网片绑扎牢固,按梅花状布置,间距应满足钢筋限位及控制变形要求,钢筋绑扎丝甩扣应弯向构件内侧。

钢筋成品的尺寸偏差应符合表7-2的规定,钢筋桁架的尺寸偏差应符合表7-3的规定。预埋件加工偏差应符合表7-4的规定。

表 7-2　钢筋成品的允许偏差和检验方法

项　目		允许偏差/mm	检验方法
钢筋网片	长、宽	±5	钢尺检查
	网眼尺寸	±10	钢尺量连续三挡,取最大值
	对角线	5	钢尺检查
	端头不齐	5	钢尺检查
钢筋骨架	长	0,−5	钢尺检查
	宽	±5	钢尺检查
	高(厚)	±5	钢尺检查
	主筋间距	±10	钢尺量两端、中间各一点,取最大值
	主筋排距	±5	钢尺量两端、中间各一点,取最大值
	箍筋间距	±10	钢尺量连续三挡,取最大值
	弯起点位置	15	钢尺检查
	端头不齐	5	钢尺检查
	保护层　柱、梁	±5	钢尺检查
	保护层　板、墙	±3	钢尺检查

表 7-3　钢筋桁架尺寸允许偏差

项　　次	检验项目	允许偏差/mm
1	长度	总长度的±0.3％,且不超过±10
2	高度	1,−3
3	宽度	±5
4	扭翘	≤5

表 7-4　预埋件加工允许偏差

项　　次	检验项目		允许偏差/mm	检验方法
1	预埋件锚板的边长		0,−5	用钢尺量测
2	预埋件锚板的平整度		1	用直尺和塞尺量测
3	锚筋	长度	10,−5	用钢尺量测
		间距偏差	±10	用钢尺量测

3.隐蔽工程验收

在混凝土浇筑之前,应对每个预制构件进行隐蔽工程验收,确保其符合设计要求和规范规定。企业的质检员和质量负责人负责隐蔽工程验收,验收内容包括原材料抽样检验和钢筋、模具、预埋件、保温板及外装饰面等安装工序质量的检验。原材料的抽样检验按照前述要求进行;钢筋、模具、预埋件、保温板及外装饰面等安装工序的质量检验按照前述要求进行。

隐蔽工程验收检查的方法为全数检查,验收完成应形成相应的隐蔽工程验收记录,并保留存档。

7.2.3　预制混凝土构件质量的验收

预制构件脱模后,应对其外观质量和尺寸进行检查验收。外观质量不宜有一般缺陷,不应有严重缺陷。对于已经出现的一般缺陷,应进行修补处理,并重新检查验收;对于已经出现的严重缺陷,应在修补方案经设计、监理单位认可之后进行修补处理,并重新检查验收。预制构件叠合面的粗糙度和凹凸深度应符合设计及规范要求。外观质量缺陷分类和外形尺寸偏差的验收要求及检验方法如表 7-5 至表 7-9。

表 7-5　构件外观质量缺陷分类

名　　称	现　　象	严重缺陷	一般缺陷
露筋	构件内钢筋未被混凝土包裹而外露	纵向受力钢筋有露筋	其他钢筋有少量露筋
蜂窝	混凝土表面缺少水泥砂浆而形成石子外露	构件主要受力部位有蜂窝	其他部位有少量蜂窝
孔洞	混凝土中孔穴深度和长度均超过保护层厚度	构件主要受力部位有孔洞	其他部位有少量孔洞
夹渣	混凝土中夹有杂物且深度超过保护层厚度	构件主要受力部位有夹渣	其他部位有少量夹渣

名　　称	现　　象	严　重　缺　陷	一　般　缺　陷
疏松	混凝土中局部不密实	构件主要受力部位有疏松	其他部位有少量疏松
裂缝	缝隙从混凝土表面延伸至混凝土内部	构件主要受力部位有影响结构性能或使用功能的裂缝	其他部位有少量影响结构性能或使用功能的裂缝
连接部位缺陷	构件连接处混凝土缺陷及连接钢筋、拉结件松动,插筋严重锈蚀、弯曲,灌浆套筒堵塞、偏位,灌浆孔洞堵塞、偏位、破损等缺陷	连接部位有影响结构传力性能的缺陷	连接部位有基本不影响结构传力性能的缺陷
外形缺陷	缺棱掉角、棱角不直、翘曲不平、飞出凸肋等,装饰面砖粘结不牢、表面不平、砖缝不顺直等	清水或具有装饰的混凝土构件内有影响使用功能或装饰效果的外形缺陷	其他混凝土构件有不影响使用功能的外形缺陷
外表缺陷	构件表面麻面、掉皮、起砂、被污染等	具有重要装饰效果的清水混凝土构件有外表缺陷	其他混凝土构件有不影响使用功能的外表缺陷

表 7-6　预制楼板类构件外形尺寸允许偏差及检验方法

项　次	检　查　项　目		允许偏差 /mm	检　验　方　法
1	规格尺寸	长度 ＜12 m	±5	用尺量两端及中部,取其中偏差绝对值较大值
		长度 ≥12 m 且＜18 m	±10	
		长度 ≥18 m	±20	
2		宽度	±5	用尺量两端及中部,取其中偏差绝对值较大值
3		厚度	±5	用尺量四角和四边中部位置共 8 处,取其中偏差绝对值较大值
4	外形	对角线差	6	在构件表面,用尺量测两对角线的长度,取其差值的绝对值
5		表面平整度 内表面	4	将 2 m 靠尺安放在构件表面上,用楔形塞尺量测靠尺与表面之间的最大缝隙
		表面平整度 外表面	3	
6		楼板侧向弯曲	$L/750$ 且 ≤20	拉线,钢尺量最大弯曲处
7		扭翘	$L/750$	四角拉两条对角线,量测两线之间的距离,其值的 2 倍为扭翘值

项 次	检查项目			允许偏差 /mm	检 验 方 法
8	预埋部件	预埋钢板	中心线位置偏差	5	用尺量测纵、横两个方向的中心线位置,取其中较大值
			平面高差	0,−5	将尺紧靠在预埋件上,用楔形塞尺量测预埋件平面与混凝土面的最大缝隙
9		预埋螺栓	中心线位置偏移	2	用尺量纵、横两个方向的中心线位置,取其中较大值
			外露长度	10,−5	用尺量
10		预埋线盒、电盒	在构件平面的水平方向中心位置偏差	10	用尺量
			与构件表面混凝土偏差	0,−5	用尺量
11	预留孔		中心线位置偏移	5	用尺量纵、横两个方向的中心线位置,取其中较大值
			孔尺寸	±5	用尺量测纵、横两个方向尺寸,取其中较大值
12	预留洞		中心线位置偏移	5	用尺量纵、横两个方向的中心线位置,取其中较大值
			洞口尺寸、深度	±5	用尺量测纵、横两个方向尺寸,取其中较大值
13	预留插筋		中心线位置偏移	3	用尺量测纵、横两个方向的中心线位置,取其中较大值
			外露长度	±5	用尺量
14	吊环、木砖		中心线位置偏移	10	用尺量测纵、横两个方向的中心线位置,取其中较大值
			留出高度	0,−10	用尺量
15	桁架钢筋高度			5,0	用尺量

Chapter 7 项目 7 装配式混凝土建筑质量控制与验收

表 7-7　预制墙板类构件外形尺寸允许偏差及检验方法

项　次	检查项目			允许偏差 /mm	检验方法
1	规格尺寸	高度		±4	用尺量两端及中部,取其中偏差绝对值较大值
2		宽度		±4	用尺量两端及中部,取其中偏差绝对值较大值
3		厚度		±3	用尺量四角和四边中部位置共 8 处,取其中偏差绝对值较大值
4	对角线差			5	在构件表面,用尺量测两对角线的长度,取其差值的绝对值
5	外形	表面平整度	内表面	4	将 2 m 靠尺安放在构件表面上,用楔形塞尺量测靠尺与表面之间的最大缝隙
			外表面	3	
6		侧向弯曲		$L/1\,000$ 且 $\leqslant 20$	拉线,钢尺量最大弯曲处
7		扭翘		$L/1\,000$	四角拉两条对角线,量测两线之间的距离,其值的 2 倍为扭翘值
8	预埋部件	预埋钢板	中心线位置偏移	5	用尺量测纵、横两个方向的中心线位置,取其中较大值
			平面高差	0,−5	将尺紧靠在预埋件上,用楔形塞尺量测预埋件平面与混凝土面的最大缝隙
9		预埋螺栓	中心线位置偏移	2	用尺量测纵、横两个方向的中心线位置,取其中较大值
			外露长度	10,−5	用尺量
10		预埋套筒、螺母	中心线位置偏移	2	用尺量测纵、横两个方向的中心线位置,取其中较大值
			平面高差	0,−5	将尺紧靠在预埋件上,用楔形塞尺量测预埋件平面与混凝土面的最大缝隙
11	预留孔	中心线位置偏移		5	用尺量测纵、横两个方向的中心线位置,取其中较大值
		孔尺寸		±5	用尺量测纵、横两个方向尺寸,取其较大值

项 次	检查项目		允许偏差 /mm	检验方法
12	预留洞	中心线位置偏移	5	用尺量测纵、横两个方向的中心线位置,取其中较大值
		洞口尺寸、深度	±5	用尺量测纵、横两个方向尺寸,取其较大值
13	预留插筋	中心线位置偏移	3	用尺量测纵、横两个方向的中心线位置,取其中较大值
		外露长度	±5	用尺量
14	吊环、木砖	中心线位置偏移	10	用尺量测纵、横两个方向的中心线位置,取其中较大值
		与构件表面混凝土的高差	0,−10	用尺量
15	键槽	中心线位置偏移	5	用尺量测纵、横两个方向的中心线位置,取其中较大值
		长度、宽度	±5	用尺量
		深度	±5	用尺量
16	灌浆套筒及连接钢筋	灌浆套筒中心线位置	2	用尺量测纵、横两个方向的中心线位置,取其中较大值
		连接钢筋中心线位置	2	用尺量测纵、横两个方向的中心线位置,取其中较大值
		连接钢筋外露长度	10,0	用尺量

表 7-8 预制梁、柱、桁架类构件外形尺寸允许偏差及检验方法

项 次	检查项目		允许偏差 /mm	检验方法
1	规格尺寸	长度 <12 m	±5	用尺量两端及中部,取其中偏差绝对值较大值
		≥12 m 且 <18 m	±10	
		≥18 m	±20	
2		宽度	±5	用尺量两端及中部,取其中偏差绝对值较大值
3		高度	±5	用尺量四角和四边中部位置共 8 处,取其中偏差绝对值较大值
4		表面平整度	4	将 2 m 靠尺安放在构件表面上,用楔形塞尺量测靠尺与表面之间的最大缝隙

项 次	检查项目			允许偏差 /mm	检验方法
5	侧向弯曲	梁、柱		$L/750$ 且 $\leqslant 20$	拉线,钢尺量最大弯曲处
		桁架		$L/1\,000$ 且 $\leqslant 20$	
6	预埋部件	预埋钢板	中心线位置偏移	5	用尺量测纵、横两个方向的中心线位置,取其中较大值
			平面高差	0,−5	将尺紧靠在预埋件上,用楔形塞尺量测预埋件平面与混凝土面的最大缝隙
7		预埋螺栓	中心线位置偏移	2	用尺量测纵、横两个方向的中心线位置,取其中较大值
			外露长度	10,−5	用尺量
8	预留孔	中心线位置偏移		5	用尺量测纵、横两个方向的中心线位置,取其中较大值
		孔尺寸		±5	用尺量测纵、横两个方向尺寸,取其较大值
9	预留洞	中心线位置偏移		5	用尺量测纵、横两个方向的中心线位置,取其中较大值
		洞口尺寸、深度		±5	用尺量测纵、横两个方向尺寸,取其较大值
10	预留插筋	中心线位置偏移		3	用尺量测纵、横两个方向的中心线位置,取其中较大值
		外露长度		±5	用尺量
11	吊环	中心线位置偏移		10	用尺量测纵、横两个方向的中心线位置,取其中较大值
		留出高度		0,−10	用尺量
12	键槽	中心线位置偏移		5	用尺量测纵、横两个方向的中心线位置,取其中较大值
		长度、宽度		±5	用尺量
		深度		±5	用尺量

项　次	检 查 项 目		允许偏差 /mm	检 验 方 法
13	灌浆套筒 及连接 钢筋	灌浆套筒中心线位置	2	用尺量测纵、横两个方向的中心线 位置,取其中较大值
		连接钢筋中心线位置	2	用尺量测纵、横两个方向的中心线 位置,取其中较大值
		连接钢筋外露长度	10,0	用尺量

表 7-9　装饰构件外观尺寸允许偏差及检验方法

项　　次	装 饰 种 类	检 查 项 目	允许偏差/mm	检 验 方 法
1	通用	表面平整度	2	2 m 靠尺或塞尺检查
2	面砖、石材	阳角方正	2	用托线板检查
3		上口平直	2	拉通线用钢尺检查
4		接缝平直	3	用钢尺或塞尺检查
5		接缝深度	±5	用钢尺或塞尺检查
6		接缝宽度	±2	用钢尺检查

7.2.4　预制构件成品的出厂质量检验

预制混凝土构件成品出厂质量检验是预制混凝土构件质量控制过程中最后的环节,也是关键环节。预制混凝土构件出厂前应对其成品质量进行检查验收,合格后方可出厂。

1.预制构件资料

预制构件的资料应与产品生产同步形成、收集和整理,归档资料宜包括以下内容:

①预制混凝土构件加工合同。

②预制混凝土构件加工图纸、设计文件及设计洽商、变更或交底文件。

③生产方案和质量计划等文件。

④原材料质量证明文件、复试试验记录和试验报告。

⑤混凝土试配资料。

⑥混凝土配合比通知单。

⑦混凝土开盘鉴定。

⑧混凝土强度报告。

⑨钢筋检验资料、钢筋接头的试验报告。

⑩模具检验资料。

⑪预应力施工记录。

⑫混凝土浇筑记录。

⑬混凝土养护记录。

⑭构件检验记录。

⑮构件性能检测报告。

181

Chapter 7　项目 7　装配式混凝土建筑质量控制与验收

⑯构件出厂合格证。

⑰质量事故分析和处理资料。

⑱其他与预制混凝土构件生产和质量控制有关的重要文件资料。

2. 质量证明文件

预制构件交付的产品质量证明文件应包括以下内容：

①出厂合格证。

②混凝土强度检验报告。

③钢筋套筒等其他构件钢筋连接类型的工艺检验报告。

④合同要求的其他质量证明文件。

7.3 装配式混凝土建筑施工的质量控制与验收 ………

7.3.1 预制构件的进场验收

1. 验收程序

预制构件运至现场后,施工单位应组织构件生产企业、监理单位对预制构件的质量进行验收,验收内容包括质量证明文件验收和构件外观质量、结构性能检验等。未经进场验收或进场验收不合格的预制构件,严禁使用。施工单位应对构件进行全数验收,监理单位对构件质量进行抽检,发现存在影响结构质量或吊装安全的缺陷时,不得验收通过。

2. 验收内容

1）质量证明文件

预制构件进场时,施工单位应要求构件生产企业提供构件的产品合格证、说明书、试验报告、隐蔽验收记录等质量证明文件,对质量证明文件的有效性进行检查,并根据质量证明文件核对构件。

2）观感验收

在质量证明文件齐全、有效的情况下,对构件的外观质量、外形尺寸等进行验收。观感质量可通过观察和简单的测试确定,工程的观感质量应由验收人员通过现场检查并应共同确认,对影响观感及使用功能或质量评价为差的项目应进行返修。观感验收也应符合相应的标准。观感验收主要检查以下内容:

①预制构件粗糙面质量和键槽数量是否符合设计要求。

②预制构件吊装预留吊环、预留焊接埋件是否安装牢固、无松动。

③预制构件的外观质量是否有严重缺陷。对已经出现的严重缺陷,应按技术处理方案进行处理,并重新检查验收。

④预制构件的预埋件、插筋及预留孔洞等规格、位置和数量是否符合设计要求。对存在的影响安装及施工功能的缺陷,应按技术处理方案进行处理,并重新检查验收。

⑤预制构件的尺寸应符合设计要求,且不应有影响安装、使用功能的尺寸偏差。对超过尺寸允许偏差且影响结构性能和安装、使用功能的部位,应按技术处理方案进行处理,并重新检查验收。

⑥构件明显部位是否贴有标识构件型号、生产日期和质量验收合格的标志。

3)结构性能检验

在必要的情况下,应按要求对构件进行结构性能检验。

(1)梁、板类简支受弯预制构件进场时应进行结构性能检验,并应符合下列规定:

①结构性能检验应符合现行国家相关标准的有关规定及设计的要求,检验要求和试验方法应符合《混凝土结构工程施工质量验收规范》(GB 50204—2015)的规定。

②钢筋混凝土构件和允许出现裂缝的预应力混凝土构件应进行承载力、挠度和裂缝宽度检验。

③对大型构件及有可靠应用经验的构件,可只进行裂缝宽度、抗裂和挠度检验。

④对使用数量较少的构件,当能提供可靠依据时,可不进行结构性能检验。

(2)对其他预制构件,如叠合板、叠合梁等受弯预制构件,除设计有专门要求外,进场时可不做结构性能检验,但应采取下列措施:

①施工单位或监理单位代表应驻厂监督制作过程。

②无驻厂监督,预制构件进场时应对预制构件主要受力钢筋数量、规格、间距及混凝土强度等进行实体检验。

7.3.2 预制构件安装施工过程的质量控制

预制构件安装是将预制构件按照设计图纸要求,通过节点可靠连接,并与现场后浇混凝土形成整体混凝土结构的过程,预制构件安装的质量对整体结构的安全和质量起着至关重要的作用。因此,应对装配式混凝土结构施工作业过程实施全面和有效的管理与控制,保证工程质量。

装配式混凝土结构安装施工质量控制主要从施工前的准备、原材料的质量检验与施工试验、施工过程的工序检验、隐蔽工程验收、结构实体检验等多个方面进行。对装配式混凝土结构工程的质量验收有以下要求:

①工程质量验收应在施工单位自检合格的基础上进行。

②参加工程施工质量验收的各方人员应具备相应的资质。

③检验批的质量应按主控项目和一般项目验收。

④对涉及结构安全、节能、环境保护和主要使用功能的试块、构配件及材料,应在进场时或施工中按规定进行见证检验。

⑤隐蔽工程在隐蔽前应由施工单位通知监理单位验收,并应形成验收文件,验收合格后方可继续施工。

⑥工程的观感质量应由验收人员现场检查,并应共同确认。

1. 施工前的准备

装配式混凝土结构施工前,施工单位应准确理解设计图纸的要求,掌握有关技术要求及细部构造,根据工程特点和有关规定,进行结构施工复核及验算,编制装配式混凝土专项施工方案,并进行施工技术交底。

装配式混凝土结构施工前,应由相关单位完成深化设计,并经原设计单位确认。施工单位应根据深化设计图纸对预制构件施工的预留和预埋进行检查。

施工现场应具有健全的质量管理体系、相应的施工技术标准、施工质量检验制度和综合施工质量控制考核制度;应根据装配式混凝土结构工程的管理和施工技术特点,对管理人员及作业人

员进行专项培训,严禁未培训上岗及培训不合格上岗。应根据装配式混凝土结构工程的施工要求,合理选择并配备吊装设备;应根据预制构件存放、安装和连接等要求,确定安装使用的工器具方案。

设备管线、电线、机器及建设材料、装修材料等的水平和垂直起重,应按编制并经批准的施工组织设计文件(专项施工方案)具体要求执行。

2. 施工过程中的工序检验

对于装配式混凝土建筑,施工过程中主要涉及预制构件安装、后浇区模板与支撑、钢筋、混凝土等分项工程。其中,模板与支撑、钢筋、混凝土的工序检验可参考现浇结构的检验方法。以下重点讲述预制构件安装的工序检验。

①对于工厂生产的预制构件,进场时应检查其质量证明文件和表面标识。预制构件的质量、标识应符合设计要求及现行国家相关标准的规定。

②预制构件安装就位后,连接钢筋、套筒或浆锚的主要传力部位,不应出现影响结构性能和构件安装施工的尺寸偏差。对已经出现的影响结构性能的尺寸偏差,应由施工单位提出技术处理方案,并经监理(建设)单位许可后处理。对经过处理的部位,应重新检查验收。

③预制构件安装完成后,外观上不应有影响结构性能的缺陷。对已经出现的影响结构性能的缺陷,应由施工单位提出技术处理方案,并经监理(建设)单位认可后处理。对经过处理的部位,应重新检查验收。

④预制构件与主体结构之间、预制构件与预制构件之间的钢筋接头应符合设计要求。施工前应对接头施工工艺进行检验。

⑤灌浆套筒进场时,应抽取试件检验外观质量和尺寸偏差,并应抽检套筒,采用与之匹配的灌浆料制作对中连接接头,并做抗拉强度检验,检验结果应符合现行行业标准《钢筋机械连接技术规程》(JGJ 107)中Ⅰ级接头对抗拉强度的要求。接头的抗拉强度不应小于连接钢筋抗拉强度标准值,且破坏时应断于接头外钢筋。此外,还应制作不少于 1 组 40 mm×40 mm×160 mm 灌浆料强度试件。

⑥灌浆料进场时,应对其拌合物 30 min 流动度、泌水率及 1 d 强度、28 d 强度、3 h 膨胀率进行检验,检验结果应符合规范和设计的有关规定。

⑦施工现场灌浆施工中,灌浆料的 28 d 抗压强度应符合设计要求,用于检验强度的试件应在灌浆地点制作。

⑧后浇连接部分的钢筋品种、级别、规格、数量和间距应符合设计要求。

⑨预制构件外墙板与构件、配件的连接应牢固、可靠。

⑩连接节点的防腐、防锈、防火和防水构造措施应满足设计要求。

⑪承受内力的接头和拼缝,当其混凝土强度未达到设计要求时,不得吊装上一层结构构件。当设计无具体要求时,应在混凝土强度不小于 10 MPa 或具有足够的支撑后,吊装上一层结构构件。

⑫已安装完毕的装配式混凝土结构,应在混凝土强度达到设计要求后,承受全部荷载。

⑬装配式混凝土结构预制构件连接接缝处防水材料应符合设计要求,并具有合格证、厂家检测报告及进厂复试报告。

⑭装配式混凝土结构钢筋灌浆套筒连接或浆锚搭接连接时,灌浆应饱满,所有出浆口均应出浆。

⑮装配式混凝土结构安装完毕后,预制构件安装尺寸允许偏差应符合表 7-10 的要求。

表 7-10　预制构件安装尺寸的允许偏差及检验方法

项　目		允许偏差/mm	检验方法
构件中心线对轴线位置	基础	15	经纬仪及尺量
	竖向构件(柱、墙、桁架)	8	
	水平构架(梁、板)	5	
构件标高	梁、柱、墙、板底面或顶面	±5	水准仪或拉线、尺量
构件垂直度	柱、墙 ≤6 m	5	经纬仪或吊线、尺量
	柱、墙 >6 m	10	
构件倾斜度	梁、桁架	5	经纬仪或吊线、尺量
相邻构件平整度	板端面	5	2 m靠尺和塞尺量测
	梁、板底面 外露	3	
	梁、板底面 不外露	5	
	柱、墙侧面 外露	5	
	柱、墙侧面 不外露	8	
构件搁置长度	梁、板	±10	尺量
支座、支垫中心位置	板、梁、柱、墙、桁架	10	尺量
墙板接缝	宽度	±5	尺量

⑯装配式混凝土结构预制构件的防水节点构造做法应符合设计要求。

⑰建筑节能工程进场材料和设备的复验、项目复试,应按有关规范规定执行。

3. 隐蔽工程验收

装配式混凝土结构工程应在安装施工及浇筑混凝土前完成下列隐蔽项目的现场验收:

①预制构件与预制构件之间、预制构件与主体结构之间的连接。

②预制构件与后浇混凝土结构连接处混凝土粗糙面的质量或键槽的数量、位置。

③后浇混凝土中钢筋的牌号、规格、数量、位置。

④钢筋连接方式、接头位置、接头数量、接头面积百分率、搭接长度、锚固方式、锚固长度。

⑤结构预埋件、螺栓连接、预留专业管线的数量与位置。

构件安装完成后,在对预制混凝土构件拼缝进行封闭处理前,应对接缝处的防水、防火等构造做法进行现场验收。

4. 结构实体检验

根据现行国家标准《建筑工程施工质量验收统一标准》(GB 50300—2013)的规定,在混凝土结构子分部工程验收前应进行结构实体检验。对结构实体进行检验,并不是在子分部工程验收前进行重新检验,而是在相应分项工程验收合格的基础上,对涉及结构安全的重要部位进行验证检验,其目的是强化混凝土结构的施工质量验收,真实地反映结构混凝土强度、受力钢筋位置、结构位置与尺寸等质量指标,确保结构安全。

对于装配式混凝土结构工程,对涉及混凝土结构安全的有代表性的连接部位及进场的混凝土预制构件应做结构实体检验。

结构实体检验分现浇和预制两部分,包括混凝土强度、钢筋直径、间距、混凝土保护层厚度以

及结构位置与尺寸偏差。当工程合同有约定时,可根据合同确定其他检验项目和相应的检验方法、检验数量、合格条件。

结构实体检验应由监理工程师组织并见证,混凝土强度、钢筋保护层厚度检验应由具有相应资质的检测机构完成,结构位置与尺寸偏差可由专业检测机构完成,也可由监理单位组织施工单位完成。为保证结构实体检验的可行性、代表性,施工单位应编制结构实体检验专项方案,并经监理单位审核批准后实施。结构实体混凝土同条件养护试件强度检验的方案应在施工前编制,其他检验方案应在检验前编制。

装配式混凝土结构位置与尺寸偏差检验同现浇混凝土结构,混凝土强度、钢筋保护层厚度检验可按下列规定执行:

①连接预制构件的后浇混凝土结构同现浇混凝土结构。

②进场时,不进行结构性能检验的预制构件部位同现浇混凝土结构。

③进场时,按批次进行结构性能检验的预制构件部分可不进行。

混凝土强度检验宜采用同条件养护试块或钻取芯样的方法,也可采用非破损方法检测。

当混凝土强度及钢筋直径、间距、混凝土保护层厚度不满足设计要求时,应委托具有资质的检测机构,按现行国家有关标准的规定做检测鉴定。

7.3.3　装配式混凝土结构子分部工程的验收

装配式混凝土建筑项目应按混凝土建筑项目子分部工程进行验收。

1. 验收应具备的条件

装配式混凝土结构子分部工程施工质量验收应符合下列规定:

①预制混凝土构件安装及其他有关分项工程施工质量验收合格。

②质量控制资料完整、符合要求。

③观感质量验收合格。

④结构实体验收满足设计或标准要求。

2. 验收程序

混凝土分部工程验收应由总监理工程师组织施工单位项目负责人和项目技术、质量负责人进行验收。

主体结构验收时,设计单位项目负责人、施工单位技术和质量部门负责人应参加。鉴于装配式混凝土建筑工程刚刚兴起,许多地区对验收程序提出了更严格的要求,要求建设单位组织设计、施工、监理和预制构件生产企业共同验收并形成验收意见,同时对规范中未包括的验收内容组织专家论证验收。

3. 验收时应提交的资料

装配式混凝土结构工程验收时应提交以下资料:

①施工图设计文件。

②工程设计单位确认的预制构件深化设计图、设计变更文件。

③装配式混凝土结构工程所用各种材料、拉结件及预制混凝土构件的产品合格证书、性能测试报告、进场验收记录和复试报告。

④装配式混凝土工程专项施工方案。

⑤预制构件安装施工验收记录。

⑥钢筋套筒灌浆或钢筋浆锚搭接连接的施工检验记录。

⑦隐蔽工程检查验收文件。

⑧后浇筑节点的混凝土、灌浆料、座浆材料强度检测报告。

⑨外墙淋水试验、喷水试验记录,卫生间等有防水要求的房间蓄水试验记录。

⑩分项工程验收记录。

⑪装配式混凝土结构实体检验记录。

⑫工程的重大质量问题的处理方案和验收记录。

⑬其他质量保证资料。

4. 不合格处理

当装配式混凝土结构子分部工程施工质量不符合要求时,应按下列规定进行处理:

①经返工、返修或更换构件、部件的检验批,应重新进行验收。

②经有资质的检测机构检测鉴定能够达到设计要求的检验批,应予以验收。

③经有资质的检测机构检测鉴定达不到设计要求,但经原设计单位核算并认可能够满足结构安全和使用功能的检验批,可予以验收。

④经返修或加固处理能够满足结构安全使用功能要求的分项工程,可按技术处理方案和协商文件的要求予以验收。

课后练习

一、单选题

1. 下面工具用于检查预制构件表面平整度的是(   )。

A. 卷尺和塞尺　　　　B. 卷尺和靠尺　　　　C. 靠尺和塞尺　　　　D. 卷尺和拉线

2. 由热轧钢筋组成的成型钢筋,当有施工单位或(   )单位的代表驻厂监督加工过程并能提供原材料力学性能检验报告时,可仅进行重量偏差检验。

A. 建设　　　　　　　B. 检验　　　　　　　C. 设计　　　　　　　D. 监理

3. 下列哪项工具不能进行垂直度检查? (   )。

A. 经纬仪　　　　　　B. 靠尺　　　　　　　C. 吊线　　　　　　　D. 水准仪

4. 对大型构件及有可靠应用经验的构件,可不进行(   )检验。

A. 承载力　　　　　　B. 挠度　　　　　　　C. 裂缝宽度　　　　　D. 抗裂

5. 为了确保预制构件质量,构件生产要处于严密的质量管理和控制之下,下列选项中不属于对质量检测的要求的是(   )。

A. 质量检验工作应制定明确的管理要求

B. 产生的误差超过规定的要求、偏差又不是太大时,可以算作合格

C. 质量检测贯穿了整个生产和吊装以及运输阶段

D. 对质检人员应进行技术交底,规定检验的人员和职责

6. 钢筋进场时,应按国家现行有关标准的规定抽取试件进行检验,下列哪项不属于规定的检验项目? (   )。

A. 屈服强度、抗拉强度　　　　　　　　B. 伸长率、弯曲性能

C. 屈服强度、重量偏差　　　　　　　　D. 化学成分、型式检验

7.某一装配整体式剪力墙结构,层高3.3 m,结构标高为3.27 m,在安装此层剪力墙时,其垂直度允许偏差为(　　)mm。

A.5　　　　　　　　B.±5　　　　　　　　C.10　　　　　　　　D.±10

二、多选题

1.成型钢筋进场时,应抽取试件进行(　　)检验。

A.屈服强度　　　　　　　　B.冷弯性能　　　　　　　　C.抗拉强度

D.伸长率　　　　　　　　E.冲击韧性

2.钢筋进场时,应全数检查外观质量,并应按国家现行有关标准的规定抽取试件做(　　)检验。

A.屈服强度　　　　　　　　B.抗拉强度　　　　　　　　C.伸长率

D.化学成分　　　　　　　　E.重量偏差

3.下列预制构件进场时需进行全数检查的是(　　)。

A.质量证明文件　　　　　　　B.预制构件上的预埋件

C.预制构件粗糙面及键槽　　　D.预制构件表面饰面的粘结性能

E.预制构件外观质量

4.下列外围护部品检测项目中哪些是在实验室中进行性能试验和测试的?(　　)。

A.拉结件材料性能　　　　　　B.抗风压性能　　　　　　C.耐火极限

D.锚栓抗拉拔强度　　　　　　E.耐撞击性能

5.预制构件交付的产品质量证明文件不包括(　　)。

A.出厂合格证

B.质量事故分析和处理资料

C.混凝土强度检测报告

D.钢筋套筒等与其他构件钢筋连接的工艺检验报告

E.生产方案和质量计划等文件

6.梁、板类简支受弯预制构件进场时应进行结构性能检验,下列说法正确的是(　　)。

A.结构性能检验应符合国家现行相关标准的有关规定及设计要求

B.钢筋混凝土预制构件和允许出现裂缝的预应力混凝土构件应进行承载力、挠度和裂缝宽度检验;不允许出现裂缝的预应力混凝土构件应进行承载力、挠度和抗裂检验

C.对大型构件及有可靠应用经验的构件,可只进行裂缝宽度、抗裂和挠度检验

D.对使用数量较少的构件,当能提供可靠依据时,可不进行结构性能检验

E.对使用数量较少的构件,也必须进行结构性能检验

三、判断题

1.相比现浇楼梯,预制楼梯的表面更为平整光滑,安装完成后可以直接用于后期的竣工验收,不需要再做处理,所以预制楼梯在竣工验收前需要加以保护。(　　)

2.钢筋连接中钢筋焊接接头和机械连接接头应抽取部分检查外观质量。(　　)

3.钢筋进场时,可抽取部分检查外观质量,并按国家现行有关标准抽取试件进行检验,结果应符合相关标准的规定。(　　)

4.预制构件采用钢筋灌浆套筒连接时,应在构件生产前进行钢筋套筒灌浆连接接头的抗拉强度试验,每种规格的连接接头试件数量不应少于3个。（　　）

四、简答题

1.影响装配式混凝土结构工程质量的因素有哪些?

2.制作预制构件所用的模具应满足哪些要求?

3.预制构件的质量证明文件应包括哪些内容?

Chapter 8

项目 8　装配式混凝土建筑安全与文明施工

安全生产关系到人们的生命财产安全,关系着国家发展和社会稳定。建筑施工安全生产不仅直接关系到建筑企业自身的发展和收益,更是直接关系到人民的根本利益,影响构建和谐社会的大局。装配式混凝土建筑作为建筑行业新的生产方式,必须确保施工安全。这需要建筑行业每一位从业人员的重视和努力。

8.1　安全生产管理体系

在装配式混凝土建筑施工管理中,应始终如一地坚持"安全第一,预防为主,综合治理"的安全生产管理方针,以安全促生产,以安全保目标。

8.1.1　安全生产责任制

工程项目部应建立以项目经理为第一责任人的各级管理人员安全生产责任制。工程项目部应有各工种安全技术操作规程,并应按规定配备专职安全员。工程项目部应制定安全生产资金保障制度,按安全生产资金保障制度编制安全资金使用计划,并按计划实施。

8.1.2　生产(施工)组织设计和专项生产(施工)方案

预制构件生产和施工企业的工程项目部在施工前应编制生产(施工)组织设计,生产(施工)组织设计应针对装配式混凝土建筑工程特点、生产(施工)工艺制订安全技术措施。危险性较大的分部分项工程应按规定编制安全专项施工方案,超过一定规模、危险性较大的分部分项工程,施工单位应组织专家对专项施工方案进行论证。

8.1.3　安全技术交底

施工负责人在分派施工任务时,应对相关管理人员、施工作业人员进行书面安全技术交底。安全技术交底应实行逐级交底制度。安全技术交底时应结合施工作业场所状况、特点、工序,对危险因素、施工方案、规范标准、操作规程和应急措施进行交底,要求内容全面、针对性强,并应考虑施工人员素质等因素。安全技术交底文件应由交底人、被交底人、专职安全员进行签字确认。

8.1.4　安全检查

工程项目部应建立安全检查制度。安全检查应由项目负责人组织,专职安全员及相关专业人员参加,定期进行并填写检查记录。对检查中发现的事故隐患应下达隐患整改通知单,定人、定时间、定措施进行整改,重大事故隐患整改后,应由相关部门组织复查。

8.1.5　安全教育

工程项目部应建立安全教育培训制度。对施工管理人员、专职安全员每年度应进行安全教育培训和考核。当施工人员变换工种或采用新技术、新工艺、新设备、新材料施工时,应对其进行安全教育培训;对新入场的施工人员,工程项目部应组织进行以国家安全法律法规、企业安全制度、施工现场安全管理规定及各种安全技术操作规程为主要内容的三级安全教育培训和考核。

8.1.6　应急救援

工程项目部应针对工程特点,进行重大危险源的辨识培训,应制订以防触电、防坍塌、防高处落物、防起重及机械伤害、防火灾、防物体打击等为主要内容的专项应急救援预案,并对施工现场已发生重大安全事故的部位、环节进行监控。施工现场应建立应急救援组织,培训、配备应急救援人员,定期组织员工进行应急救援演练。对难以进行现场演练的预案,可按演练程序和内容采取室内桌牌式模拟演练。按应急救援预案要求,应配备应急救援器材和设备。

8.1.7　持证上岗

从事建筑施工的项目经理、专职安全员和特种作业人员,必须经行业主管部门培训考核合格,取得相应资质,方可上岗作业。

装配式混凝土建筑工程项目特种作业人员包括灌浆工、塔式起重机司机、起重司索与指挥工作人员、电工、物料提升机和外用电梯司机、起重机械拆装作业人员等。

8.2　高处作业防护

高处作业是指在坠落高度基准面 2 m 及以上有可能坠落的高处进行的作业。高处坠落是建筑工地施工的重大危险源之一,针对高处作业危险源做好防护工作,对保证工程顺利进行、保护作业人员生命安全非常重要。

8.2.1　防护要求

进入现场的人员均必须正确佩戴安全帽。高处作业人员应佩戴安全带,并要高挂低用,系在安全、可靠的地方。现场作业人员应穿好防滑鞋。高处作业人员所携带的各种工具、螺栓等应在专用工具袋中放好,在高空传递物品时,应挂好安全绳,不得随便抛掷,以防伤人。吊装时不得在构件上堆放或悬挂零星物品,零星物品应用专用袋子上下传递,严禁在高空向下抛掷物料。

在坠落高度基准面 2 m 及以上进行临边作业时,应在临空一侧设置防护栏杆,并应采用密目

式安全立网或工具式栏板封闭。分层施工的楼梯口、楼梯平台和梯段边,应安装防护栏杆;外设楼梯口、楼梯平台和梯段边还应采用密目式安全立网封闭。施工升降机、龙门架和井架物料提升机等各类垂直运输设备设施与建筑物间设置的通道平台两侧边,应设置防护栏杆及挡脚板,并应用密目式安全立网或工具式栏板封闭。各类垂直运输接料平台口应设置高度不低于1.80 m的楼层防护门,并应设置防外开装置;多笼井架物料提升机通道中间,应分别设置隔离设施。

雨天和雪天进行高处作业时,必须采取可靠的防滑、防寒和防冻措施。对进行高处作业的高耸建筑物,应事先设置避雷装置。遇有6级或6级以上大风、大雨、大雪等恶劣天气,不得进行高处作业;恶劣天气过后应对高处作业安全设施逐一加以检查,发现有松动、变形、损坏或脱落等现象应立即修理完善。

8.2.2 安全设备

1. 安全帽

安全帽是建筑施工现场最重要的安全防护设备之一,可在现场刮碰、物体打击、坠落时有效地保护使用者头部。

为了在发生意外时使安全帽发挥最大的保护作用,现场人员必须正确佩戴安全帽。佩戴前需调节缓冲衬垫的松紧,保证头部与帽顶内侧有足够的撞击缓冲空间。此外,佩戴安全帽必须系紧下颚带,不准将安全帽歪戴于脑后,留长发的作业人员须将长发卷进安全帽内。现场应有专人负责定期检查安全帽质量,不符合要求的安全帽不应作为防护用品使用。

2. 安全带

安全带是高处作业工人预防坠落伤亡事故的个人防护用品,被广大建筑工人誉为"救命带"。高处作业工人必须正确佩戴安全带。佩戴前应认真检查安全带的质量,有严重磨损、开丝、断绳股或缺少部件的安全带不得使用。佩戴时应将钩、环挂牢,卡子扣紧。安全带应垂直悬挂、高挂低用,应将钩挂在牢固物体上,并避开尖刺物,远离明火。高处作业时严禁工人只佩不挂安全带。

3. 建筑工作服

建筑工人进行现场施工作业时应穿着建筑工作服。建筑工作服一般来说具有耐磨、耐穿、吸汗、透气等特点,适合现场作业。特殊工种的工作服还会有防火、耐高温、防辐射等作用。建筑工作服多为蓝色、灰色、橘色等颜色。

4. 建筑外防护设施

装配式混凝土建筑工程虽然逐渐普及夹芯保温外墙板,免去了外墙外保温、抹灰等大量外立面作业,但仍然存在板缝防水打胶、涂料等少量的外立面作业内容。因此,装配式混凝土建筑施工企业应酌情支设建筑外防护设施。目前常用的建筑外防护设施有外挂三角防护架和建筑吊篮等。

1)外挂三角防护架

现浇高层项目的施工需搭设外脚手架,并且做严密的防护,而装配整体式高层建筑由于外立面施工作业内容少,故多采用外挂三角防护架,可安全、实用地满足施工要求。

2)建筑吊篮

建筑吊篮是一种悬空提升载人机具,可为外墙外立面作业提供操作平台。吊篮操作人员必须经过培训,考核合格后取得有效资格证方可上岗操作,使用时必须遵守安全操作要求。吊篮必须由指定人员操作,严禁未经培训人员或未经主管人员同意擅自操作吊篮。作业人员作业时需佩戴安全帽和安全带,穿防滑鞋,不得在酒后或过度疲劳、情绪异常时上岗作业。作业时严禁在悬吊平台内使用梯子、搁板等攀高工具或在悬吊平台外另设吊具进行作业。作业人员必须在地面进出吊篮,不得在空中攀缘窗户进出吊篮,严禁在悬空状态下从一悬吊平台攀入另一悬吊平台。

8.3 临时用电安全 ···

建筑施工用电是专为建筑施工工地提供电力并用于现场施工的用电。由于这种用电随着建筑工程的施工而进行,并且随着建筑工程的竣工而结束,所以建筑施工用电属于临时用电。

临时用电设备在 5 台及以上或设备总容量在 50 kW 及以上者,应编制临时用电施工组织设计;临时用电设备在 5 台以下和设备总容量在 50 kW 以下者,应制订安全用电技术措施及电气防火措施。

施工现场临时用电设备和线路的安装、巡检、维修或拆除等工作必须由专业电工完成,并应有人监护。电工必须经过国家现行标准考核,合格后才能持证上岗工作。其他用电人员必须通过相关职业健康安全教育培训和安全交底,考核合格后方可上岗作业。

装配式混凝土建筑施工工地临时用电系统宜采用三相五线、保护接零的 TN-S 系统。工作接地电阻不得大于 4 Ω,重复接地电阻不得大于 10 Ω。施工现场起重机、施工升降机等大型用电设备应按规范要求采取防雷措施,防雷装置的冲击接地电阻值不得大于 30 Ω。

装配式混凝土建筑施工工地临时用电系统应采用三级配电、二级漏电保护系统,必要时可采用三级配电、三级漏电保护系统。用电设备实行"一机、一闸、一漏、一箱",进、出线口在箱体下部,严禁门前、门后出线。

配电箱、开关箱应装设在干燥、通风及常温场所。配电箱、开关箱安装要端正、牢固。固定式配电箱、开关箱的中心点与地面的垂直距离应为 1.4~1.6 m。移动式分配电箱、开关箱应设在坚固、稳定的支架上。其中心点与地面的垂直距离应为 0.8~1.6 m。配电箱、开关箱周围应有足够两人同时工作的空间和通道,其周围不得堆放任何有碍操作、维修的物品,不得有灌木、杂草。配电箱、开关箱外形结构应能防雨、防尘。

现场各种电线插头、开关均设在开关箱内,停电后必须拉下电闸。各种用电设备必须有良好的接地、接零。对于现场用手持电动工具,应在安全电压下工作,且必须有漏电保护器。操作者必须戴绝缘手套,穿绝缘鞋;不要站在潮湿的地方使用电动工具或设备。

总配电箱应设置在靠近电源区域,分配电箱应设置在用电设备或负荷相对集中的区域,分配电箱与开关箱的距离不得超过 30 m。动力配电箱与照明配电箱宜分别设置;如设置在同一配电箱内,动力和照明线路应分路设置,照明线路接线宜接在动力开关的上侧。

临时用电工程安装完毕后,由基层安全部门组织验收。参加人员有主管临时用电安全的领导和技术人员、施工现场主管、编制临时用电施工组织者、电工及安全员等。检查内容包括配电线路、各种配电箱、开关箱、电气设备安装、设备调试、接地电阻测试记录等,并做好记录,参加人员签字。

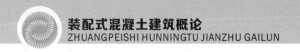

8.4 起重吊装安全 ....

装配式混凝土建筑施工过程中,起重作业一般包括两种:一种是与主体有关的预制混凝土构件和模板、钢筋及临时构件的水平和垂直起重;另一种是设备管线、电线、设备机器及建设材料、板类、楼板材料、砂浆、厨房配件等装修材料的水平和垂直起重。装配式混凝土建筑起重吊装作业的重点和难点是预制混凝土构件的吊装安装作业。

8.4.1 起重吊装设备的选用

装配式混凝土建筑工程应根据施工要求,合理选择并配备起重吊装设备。一般来说,由于装配式混凝土建筑工程起重吊装工作任务多,且构件自重大,吊装难度大,故多采用塔式起重机进行吊装作业。对于低层、多层建筑,当条件允许时也可采用汽车起重机。

选择吊装主体结构预制构件的起重机械时,应重点考虑以下因素:

①起重量、作业半径、起重力矩应满足最大预制构件组装作业要求。

塔式起重机的型号决定了塔式起重机的臂长幅度,布置塔式起重机时,塔臂应覆盖堆场构件,避免出现覆盖盲区,减少预制构件的二次搬运。对含有主楼、裙房的高层建筑,塔臂应全面覆盖主体结构部分和堆场构件存放位置,对于裙楼则力求塔臂全部覆盖。当出现难以解决的覆盖问题时,可考虑采用临时租用汽车起重机解决裙房边角垂直运输问题,不宜盲目加大塔式起重机规格,应认真进行技术经济比较分析后确定方案。

在塔式起重机的选型中应结合塔式起重机的尺寸及起重量的特点,重点考虑工程施工过程中最重的预制构件对塔式起重机吊运能力的要求。应根据其存放的位置、吊运的部位、与塔中心的距离,确定该塔式起重机是否具备相应的起重能力。确定塔式起重机方案时应留有余地,一般实际起重力矩在额定起重力矩的75%以下。

②塔式起重机应具有安装和拆卸空间,轮式或履带式起重设备应具有移动式作业空间和拆卸空间,起重机械的提升或下降速度应满足预制构件的安装和调整要求。塔式起重机应结合施工现场环境合理定位。当采用群塔施工时,两台塔式起重机的水平吊臂间的安全距离应大于2 m,一台塔式起重机的水平吊臂和另一台塔式起重机的塔身的安全距离也应大于2 m。

③选择起重吊装设备还要考虑主体工程施工进度、起重机的租赁费用、组装与拆卸费用等因素。

8.4.2 起重吊具的选择

施工作业使用的专用吊具、吊索及工具式支撑、支架等,应进行安全验算,使用中进行定期、不定期检查,确保其安全状态。

起重吊具应按现行国家相关标准的有关规定进行设计验算或试验检验,经验证合格后方可使用。应根据预制构件的形状、尺寸及重量选择适宜的吊具,在吊装过程中,吊索水平夹角不宜小于60°,不应小于45°。尺寸较大或形状复杂的预制构件应选择设置横吊梁或横吊桁架的吊具,并应保证主钩的位置、吊具及构件重心在竖直方向上重合。

吊具、吊索的使用应符合施工安装的安全规定。预制构件起吊时的吊点合力应与构件重心重合。宜采用标准吊具均衡起吊就位。吊具可采用预埋吊环或埋置式接驳器的形式。专用内埋式螺母或内埋吊杆及配套的吊具,应根据相应的产品标准和应用技术规定选用。

预制混凝土构件吊点应提前设计好,根据预留吊点选择相应的吊具。在起吊构件时,为了使构件稳定,不出现摇摆、倾斜、转动、翻倒等现象,应选择合适的吊具。无论采用几点吊装,始终要使吊钩和吊具的连接点的垂线通过被吊构件的重心,它直接关系到吊装结果和操作的安全性。

吊具选择时必须保证被吊构件不变形、不损坏,起吊后不转动、不倾斜、不翻倒。应根据被吊构件的结构、形状、体积、重量、预留吊点以及吊装的要求,结合现场作业条件,确定合适的吊具。吊具选择必须保证吊索受力均匀。

各承载吊索间的夹角一般不应大于 60°。其合力作用点必须保证与被吊构件的重心在同一条铅垂线上,保证吊运过程中吊钩与被吊构件的重心在同一条铅垂线上。在说明书中提供吊装图的构件,应按吊装图进行吊装。异形构件装配时,可采用辅助吊点配合简易吊具调节物体所需位置的吊装法。

当构件无设计吊钩(点)时,应通过计算确定绑扎点的位置。绑扎的方法选用应保证起吊过程安全可靠和摘钩简便。

8.4.3　起重吊装安全管理

塔式起重机司机应定期进行身体检查,凡有不适合登高作业者,不得担任司机;应该配有足够的司机,以适应"三班制"施工的需要;严禁司机带病上岗和酒后工作;非司机人员不能擅自进入驾驶室。

塔式起重机日常管理应贯彻"人机固定"原则,实行定机、定人、定岗位责任的"三定"制度。操作人员必须认真执行各项规章制度,严格遵守操作规程,防止出现安全质量事故。

新制或大修出厂及塔式起重机拆卸重新组装后,均应进行检验,吊高限位器、力矩限位器必须灵活、可靠,吊钩、钢丝绳保险装置应完整、有效;零部件应齐全,润滑系统应正常;电缆、电线应无破损或外露,不脱钩、无松绳现象。经有关部门验收合格后,塔式起重机方可正式投入使用。经验收合格的塔式起重机应设立安全验收标牌。

吊装时吊机应有专人指挥,指挥人员应位于吊机司机视力所及地点,应能清楚地看到吊装的全过程,指挥手势要准确无误,哨音要响亮,吊机司机要精力集中,服从指挥,并不得擅自离开工作岗位。

起重机的工作环境温度为 $-20\sim40$ ℃,风力不应大于 5 级。如遇 5 级以上大风、暴雨、浓雾、雷暴等恶劣天气,不得进行起吊作业。夜间作业应有充足的照明。起重设备不允许在斜坡道上工作,不允许起重机两边高低相差太多。

构件绑扎必须牢固。对于体积庞大或形状复杂的构件,应设溜绳固定。构件应采用垂直吊运,严禁采用斜拉、斜吊,杜绝与其他物体碰撞或钢丝绳被拉断的事故。起吊构件时,速度不能太快。起吊离地 3 m 左右后应暂停起升,待检查安全稳妥后继续起吊。一次宜进行一个动作,待前一动作结束后,再进行下一动作。吊运过程应平稳,不应有大幅摆动,不应突然制动。在吊装回转、俯仰吊臂、起落吊钩等动作前,应鸣声示意。回转未停稳前,不得做反向操作。起重机停止作业时,应刹住回转及行走机构。吊装过程中吊起的构件不得长时间悬在空中,应采取措施将重物降落到安全位置;构件就位或固定前,不得解开吊装索具,以防构件坠落伤人。构件吊装就位后,应经初校和临时固定或连接可靠后方可卸钩,待稳定后方可拆除固定工具和其他稳定装置。

吊装工作区应有明显标志,并设专人警戒,非吊装现场作业人员严禁入内。起重机工作时,

起重臂下严禁站人。吊运预制构件时,构件下方严禁站人,应待预制构件降落至距地面 1 m 以内方准作业人员靠近。同时,避免人员在吊车起重臂回转半径内停留。吊装时,高处作业人员应站在操作平台、吊篮、梯子上作业,严禁在未加固的构件上行走;手、脚须远离移动重物及起吊设备,吊物和吊具下不可站人。

8.5 现场防火

8.5.1 管理制度

施工现场的防火工作,必须认真贯彻"预防为主,防消结合"的方针,立足于自防自救。施工企业应建立健全岗位防火责任制,实行"谁主管谁负责"原则,并落实层级消防责任制,落实各级防火负责人,各负其责。施工现场必须成立防火领导小组,由防火负责人任组长,定期开展防火安全工作。单位应对职工进行经常性的防火宣传教育,普及消防知识,增强消防观念。

8.5.2 现场作业防火要求

施工现场应严格执行动火审批程序和制度。动火操作前必须提出申请,经单位领导同意及消防或安全技术部门检查批准后,领取动火证,再进行动火作业。变更动火地点和超过动火证有效时限的动火作业需重新申请动火证。

现场进行电焊、气焊、气割等作业时,操作人员必须具备相应的操作资格和能力。操作前应对现场易燃、可燃物进行清除,并应注意用电安全,氧气瓶、乙炔瓶与明火点间的距离应符合要求。作业时应留有看火人员监视现场安全。

应根据构件材料的耐火性能特点合理选择施工工艺。例如,夹芯保温外墙板的保温层材料普遍防火性能较差,故夹芯保温外墙板后浇混凝土连接节点区域的钢筋不得采用焊接连接,以免钢筋焊接作业时产生的火花引燃或损坏夹芯保温外墙板中的保温层。

8.5.3 材料存储防火要求

施工现场应有专用的物品存放仓库,不得将在建工程当作仓库使用。严禁在库房内兼设办公室、休息室或更衣室、值班室以及进行各种加工作用等。

仓库内的物品应分类堆放,并保证不同性质物品间的安全距离。库房内严禁吸烟和使用明火。应根据物品的耐火性质确定库房内照明器具的功率,一般不宜超过 60 W。仓库应保持通风良好,地面清洁,管理员应对仓库进行定期和不定期的巡查,并做到人走则断电锁门。

8.5.4 防火规划与设施

现场必须设置临时消防车道,其宽度不得小于 3.5 m,并保持临时消防车道的畅通。消防车道应环状闭合或在尽头有满足要求的回车场。消防车道的地面必须做硬化处理,保证能够满足消防车通行的要求。

施工现场应按要求设置消防器材,包含灭火器、灭火沙箱等。器材和设施的规格、数量及布局应满足要求。

8.6 文明施工 ⋯⋯⋯⋯⋯⋯⋯⋯⋯⋯⋯⋯⋯⋯⋯⋯⋯⋯⋯⋯⋯

文明施工是指保持施工场地整洁卫生,施工组织科学,施工程序合理的一种施工活动。装配式混凝土建筑施工工地应达到文明施工的要求。施工单位文明施工是安全生产的重要组成部分,是社会发展对建筑行业提出的新要求。作为装配式混凝土建筑的施工工地,应该扎实地贯彻文明施工的要求。

8.6.1 现场围挡

施工现场应设置围挡,围挡必须沿工地四周连续进行设置,不能有缺口。市区主要路段的工地应设置高度不低于 2.5 m 的封闭围挡;一般路段的工地应设置高度不低于 1.8 m 的封闭围挡。围挡要坚固、稳定、整洁、美观。

8.6.2 封闭管理

施工现场进出口应设置大门,并应设置门卫值班室。值班室应配备门卫值守人员,建立门卫值守制度。施工人员进入施工现场应佩戴工作卡,非施工人员需验明证件并登记后方可进入。施工现场出入口应标有企业名称或标识,大门处应设置公示标牌"五牌一图",标牌应规范整齐,施工现场应有安全标语、宣传栏、读报栏、黑板报等。

8.6.3 施工场地

施工现场道路应畅通,路面应平整坚实,主要道路及材料加工区地面应进行硬化处理。施工现场应有防止扬尘措施和排水设施。施工现场应加强对废水、污水的管理,现场应设置污水池和排水沟。废水、废弃涂料、胶料应统一处理,严禁未经处理直接排入下水管道。施工现场应设置专门的吸烟处,严禁随意吸烟;建议在施工场地内做绿化布置。

8.6.4 材料堆放

建筑材料、构件等要按总平面布置图的布局,分门别类,堆放整齐,并挂牌标名。"工完料净场地清",建筑垃圾也要分出类别,堆放整齐,挂牌标出名称。易燃易爆物品分类存放,专人保管。

8.6.5 现场办公与住宿

施工作业区、材料存放区与办公生活区应划分清晰,并应采取相应的隔离措施。在建工程区域、伙房、库房不得兼作宿舍;宿舍应设置可开启式窗户,床铺不得超过 2 层,通道宽度不应小于 0.9 m;住宿人员人均占有面积不应小于 2.5 m²,且不得超过 16 人;冬季宿舍应有采暖和防一氧化碳中毒措施。

8.6.6 治安综合治理

生活区内要为工人设置学习娱乐场所。要建立健全治安保卫制度和治安防范措施,并将责任分解到人,杜绝发生失盗事件。

8.6.7 生活设施

施工现场要建立卫生责任制,食堂要干净卫生,炊事人员要有健康证。要保证供应卫生饮水,为职工设置淋浴室、符合卫生标准的厕所,生活垃圾装入容器,及时清理,设专人负责。

8.6.8 保健急救

施工现场要有经过培训的急救人员,要有急救器材和药品,制订有效的急救措施,开展卫生宣传教育活动。

8.6.9 社区服务

夜间施工时,应防止光污染对周边居民造成影响。现场施工产生的废弃物等应进行分类回收。施工中产生的胶黏剂、稀释剂等易燃易爆废弃物应及时收集至指定储存器并按规定回收,严禁丢弃未经处理的废弃物。施工现场应采用控制噪声的措施。

课后练习

简答题

1.装配式混凝土建筑安全生产管理体系有哪些内涵?

2.装配式混凝土建筑施工现场有哪些防火要求?

3.装配式混凝土项目文明施工的具体要求有哪些?

参 考 文 献

[1] 中国建筑标准设计研究院,中国建筑科学研究院.装配式混凝土结构技术规程:JGJ 1—2014 [S].北京:中国建筑工业出版社,2014.

[2] 中华人民共和国住房和城乡建设部科技与产业化发展中心(中华人民共和国住房和城乡建设部住宅产业化促进中心).装配式建筑评价标准:GB/T 51129—2017[S].北京:中国建筑工业出版社,2018.

[3] 中国建筑标准设计研究院.装配式混凝土结构住宅建筑设计示例(剪力墙结构):15J939-1 [S].北京:中国计划出版社,2015.

[4] 中国建筑标准设计研究院.装配式混凝土结构表示方法及示例(剪力墙结构):15G107-1[S]. 北京:中国计划出版社,2015.

[5] 中国建筑标准设计研究院.预制混凝土剪力墙外墙板:15G365-1[S].北京:中国计划出版社,2015.

[6] 中国建筑标准设计研究院.预制混凝土剪力墙内墙板:15G365-2[S].北京:中国计划出版社,2015.

[7] 中国建筑标准设计研究院.桁架钢筋混凝土叠合板(60 mm 厚底板):15G366-1[S].北京:中国计划出版社,2015.

[8] 中国建筑标准设计研究院.预制钢筋混凝土板式楼梯:15G367-1[S].北京:中国计划出版社,2015.

[9] 中国建筑标准设计研究院.预制钢筋混凝土阳台板、空调板及女儿墙:15G368-1[S].北京:中国计划出版社,2015.

[10] 中国建筑标准设计研究院.装配式混凝土建筑技术标准:GB/T 51231—2016[S].北京:中国建筑工业出版社,2017.

[11] 中华人民共和国住房和城乡建设部.钢筋连接用套筒灌浆料:JG/T 408—2019[S].北京:中国标准出版社,2020.

[12] 田春鹏.装配式混凝土结构工程[M].武汉:华中科技大学出版社,2020.